上海大学出版社

2005年上海大学博士学位论文 39

U0358904

函数值Padé-型逼近与退化的广义逆函数值Padé逼近及在积分方程中的应用

● 作 者：潘宝珍

● 专 业：计算数学

● 导 师：顾传青

A Dissertation Submitted to Shanghai University for the
Degree of Doctor（2005）

Functional Valued Padé-type Approximant and Degeneracies of Generalised Inverse Funtion-valued Padé Approximant and Applications in Integral Equations

Ph. D. Candidate: Pan Baozhen
Supervisor: Gu Chuanqing
Major: Computational Mathematics

Shanghai University Press
• **Shanghai** •

摘　　要

本文的主要结果分为三个部分.

第一部分是对函数值 Padé-型逼近的理论进行了研究.本文首次在多项式空间上引入了一种线性泛函,从而定义了一种函数值 Padé-型逼近(FPTA),并将它应用于求解第二类 Fredholm 积分方程.函数值 Padé-型逼近与以往的函数值 Padé 逼近方法相比,其逼近方法对幂级数在极点处附近具有较好的逼近效果,并且它的分母多项式的次数可以是任意的,这就避免了广义逆函数值 Padé 逼近的分母多项式的次数必须是偶数次的限制.在此基础上本文建立了四种有效的算法,通过积分方程的实例分别加以了验证.数值实验结果很好地验证了算法的有效性和实用性.随后,给出了函数值 Padé-型逼近的两种形式的误差公式,最后还对函数值 Padé-型逼近的收敛性进行了详细的讨论,并给出了判定函数值 Padé-型逼近的行、列收敛的充分条件及收敛速率.

第二部分是对退化的广义逆函数值 Padé 逼近进行了讨论.所谓退化是指在构造广义逆函数值 Padé 逼近的过程中其分母多项式的次数是奇数次的或者其分母具有零点.本文首先给出了扩充的广义逆函数值 Padé 逼近定义,这在一定的程度上是拓广了广义逆函数值 Padé 逼近的范围.然后证明了扩充的广义逆函数值 Padé 逼近的存在、唯一性定理.构造了在退化的各种情形下型为 $[n-\sigma/2k-2\sigma]$ 的广义逆函数值 Padé 逼近式，最后讨论了扩充的广义逆函数值 Padé 逼近表的元素具有正方块分布特征. 这些研究丰富了广义逆函数值 Padé 逼近的理论和方法.

第三部分讨论的是关于函数值 Padé-型逼近及广义逆函数值 Padé 逼近方法的应用. 其一是用广义逆函数值 Padé 逼近的 ε-算法的实部逼近法和函数值 Padé-型逼近正交行列式这两种新方法来加速函数序列的收敛性，并从理论上加以分析. 其二是用广义逆函数值 Padé 逼近的 ε-算法取实部的方法及函数值 Padé-型逼近正交行列式公式令分母为零的方法来估计第二类 Fredholm 积分方程的特征值，这两种新方法的特点是算法简单，收敛速度快，最后通过实例分别加以验证.

关键词 线性泛函，函数值 Padé-型逼近，正交多项式，递推算法，收敛定理，广义逆函数值 Padé 逼近，退化，积分方程

Abstract

This article consists of three parts.

In the first part, theory and method of the function-valued Padé-type approximant (FPTA) is studied. The function-valued Padé-type approximant is defined by using introducing a function-valued linear functional on polynomial space, then it is applied to solve the second kind of Fredholm integral equations. The method of FPTA in this paper has better approximation effect at the poles of the given series than the previous methods. Moreover, due to the degree of its denominator polynomials may be odd or even order number, so FPTA fills up the gap of the generalised inverse function-valued Padé approximant (GIPA). Four efficient algorithms to compute FPTA are established, respectively. Some examples are given to show these algorithms are efficient and useful. Two kinds of error formulas of FPTA are proved. In the end, the row and column convergence problems for FPTA are discussed in detail and two sufficient conditiions are given.

In the second part, the degeneracy cases of generalised inverse function-valued Padé approximant (GIPA) are at first discussed. The degeneacy cases means that the denominator polynomial of GIPA has odd degree or has zeroes of odd order at the origin or both. At first, the extended *GIPA* is defined, which enlarges the domain of *GIPA*. Its existence and uniqueness theorems are proved. Second, *GIPA* in the degeneracy cases of type $[n - \sigma/2k - 2\sigma]$ are constructed. In the end, the characteristic of the table for the extended *GIPA* is presented. The study about the degeneracy cases greatly enriches the theory of function-valued Padé-type approximation.

In the third part, the application problems of *GIPA* and FPTA are discussed. In section one, two new methods, which is called the real part method of ε - algorithm of *GIPA* and the determinant method of orthogonal polynomials of FPTA, respectively, are presented to accelerate convergence of the given function sequences. In section two, two new methods estimating the characteristic values of the second kind of Fredholm integral equations are presented by means of taking its real part of ε - algorithm and taking the zeros of the determinant of orthogonal polynomials, respectively. Some exapmles are given to illustrate above methods.

Key words Linear functional, Function-valued Padé-type approximant, Orthogonal polynomity, Recursive algorithm, Generalised inverse function-valued Padé approximant, Degeneracy, Convergence theorem, Integral equation.

目 录

第一章 绪论 ………………………………………………… 1

§1.1 第二类 Fredholm 积分方程简介 …………………… 1

§1.2 函数值 Padé 逼近已做的主要工作 ………………… 5

§1.3 本文所做的主要的工作 ……………………………… 9

第二章 用于积分方程解的函数值 Padé-型逼近的定义与性质 …… 11

§2.1 函数值 Padé-型逼近的定义和构造 ………………… 12

§2.2 基于生成函数的拉格朗日插值多项式的函数值
Padé-型逼近 …………………………………………… 17

§2.3 函数值 Padé-型逼近的代数性质 …………………… 21

§2.4 函数值 Padé-型逼近的两种误差公式 ……………… 30

第三章 用于积分方程解的函数值 Padé-型逼近的几种算法 …… 33

§3.1 函数值 Padé-型逼近的拟范德蒙型行列式表达式 …… 34

§3.2 函数值 Padé-型逼近的恒等式与递推算法 ………… 39

§3.3 用 Fredholm-Padé-型混合逼近方法求解积分方程 … 45

§3.4 用于积分方程解的函数值 Padé-型逼近的正交多项式、
行列式公式 …………………………………………… 54

§3.5 函数值 Padé-型逼近的正交 Padé-型表的三角分布
特征 …………………………………………………… 63

第四章 函数值 Padé-型逼近的收敛性定理 ………………… 67

§4.1 函数值 Padé-型逼近的泛函形式的收敛定理 ……… 68

§4.2　函数值 Padé-型逼近的 Toeplitz 收敛性定理 ········ 72

§4.3　函数值 Padé-型逼近的积分形式的收敛性定理 ······ 82

§4.4　最佳 L_p 局部的拟函数值有理逼近一致收敛于函数值
　　　Padé-型逼近 ··· 85

第五章　退化的广义逆函数值 Padé 逼近的构造方法 ············· 90

§5.1　引言 ··· 90

§5.2　扩充的广义逆函数值 Padé 逼近的定义及唯一性····· 92

§5.3　广义逆函数值 Padé 逼近的线性方程组建立········· 96

§5.4　退化的广义逆函数值 Padé 逼近的构造 ········· 101

§5.5　扩充的广义逆函数值 Padé 逼近的正方块分布特征
　　　·· 107

第六章　函数值 Padé-型逼近与广义逆函数值 Padé 逼近的方法
　　　在积分方程中的应用 ······························· 112

§6.1　加速函数序列和幂级数的收敛性 ············· 113

§6.2　估计积分方程的特征值 ······················· 120

参考文献 ··· 127

作者在攻读博士学位期间已完成的论文 ··············· 141

致谢 ·· 142

第一章 绪 论

§1.1 第二类 Fredholm 积分方程简介

积分方程是近代数学的一个重要分支，它与微分方程，计算数学和随机分析等有着紧密的重要联系. 另外它又是数学联系力学、数学物理和工程等应用学科的一个重要的工具. 积分方程的研究早在 19 世纪就已经开始，由于 19 世纪科学技术的发展，从一些实际问题提出了许多有关积分方程的问题，而数学物理中关于积分

$$g(s) = \frac{1}{\sqrt{2\pi}} \int_{-\infty}^{+\infty} e^{ist} f(t) \mathrm{d}t \qquad (1.1.1)$$

的反演问题也许是积分方程联系最早的问题之一. 1811 年 Fourier 解决了上面的问题. 指出函数

$$f(t) = \frac{1}{\sqrt{2\pi}} \int_{-\infty}^{+\infty} e^{-ist} g(s) \mathrm{d}s \qquad (1.1.2)$$

即是上方程的解. 以后不久 Abel 在研究质点力学问题时，导出了此之特殊形式的积分方程，以后称之为特殊的 Abel 方程：

$$\int_0^1 \frac{\phi(\eta)}{\sqrt{y-\eta}} \mathrm{d}\eta = \sqrt{2g} f(y) \qquad (1.1.3)$$

其中 $\phi(\eta)$ 是未知函数，$f(y)$ 是已知函数，g 是重力加速度.

1823 年，Abel 在它的关于推广"tautochrone"问题的研究中，引导出一般形式的 Abel 积分方程

$$g(s) = \int_a^s \frac{f(t)}{(s-t)^\alpha} \mathrm{d}t, \quad (0 < \alpha < 1,\ g(\alpha) = 0) \quad (1.1.4)$$

其中 $g(s)$ 是一已知函数，$f(t)$ 是未知函数，并得出方程 $(1.1.4)$ 的解为

$$f(t) = \frac{\sin\pi\,\alpha}{\pi} \frac{\mathrm{d}}{\mathrm{d}t} \int_a^t \frac{g'(s)}{(t-s)^{1-\alpha}} \mathrm{d}s.$$

以后 Abel 方程成为许多数学家研究的对象，并从许多方面加以推广。

1896 年 Volterra 的工作是线性积分方程研究的重要转折点。在这一工作中，他研究了称之为 Volterra 积分方程的方程：

$$x(s) - \lambda \int_a^s K(s,\,t)x(t)\mathrm{d}t = f(s), \quad (a \leqslant s \leqslant b) \quad (1.1.5)$$

其中 $x(s)$ 是未知函数，$K(s,\,t)$，$f(s)$ 是已知函数，λ 是一数值参数。又 $K(s,\,t)$ 称为方程 $(1.1.5)$ 的核，$f(s)$ 称为方程 $(1.1.5)$ 的自由项。他证明：如果 $K(s,\,t)$ 在正方形区域 $[a,b] \times [a,b]$ 上连续，$f(s)$ 在 $[a,b]$ 上连续，则对任意的 λ，方程 $(1.1.5)$ 有而且只有一连续解，而且这一解可用逐次逼近法求得。

对积分方程的研究来说，较为困难的是讨论所谓的 Fredholm 积分方程

$$x(s) - \lambda \int_a^b K(s,\,t)x(t)\mathrm{d}t = f(s) \quad (a \leqslant s \leqslant b) \quad (1.1.6)$$

应当指出，方程 $(1.1.6)$ 在 Fredholm 之前已有许多人研究过。1856 年，A. Beer 在研究位势理论的边界问题时，引出过形如 $(1.1.6)$ 的方程（其中 $\lambda=1$），他实质上用了所谓的迭代法：

$$x_0(s) = f(s),$$

$$x_n(s) = f(s) + \int_a^b K(s,\,t)x_{n-1}(t)\mathrm{d}t, \quad n = 1,\,2,\,\cdots$$

求解这一方程,但遗憾的是他未考虑这一迭代过程的收敛性.

　　1877 年 C. Neumann 补足了这一缺陷,他发现这一程序并非不加条件即可收敛,1896 年 H. Poincaré 形式地引入了参数 λ,他指出,方程的解 $x(s)$ 与参数 λ 有关,而且 Neumann 级数

$$x(s) = f(s) + \sum_{m=1}^{\infty} x_m(s),$$

其中

$$x_0(s) = f(s), \quad x_m(s) = \lambda \int_a^b K(s, t) x_{m-1}(t) \mathrm{d}t, \quad m = 1, 2, \cdots$$

是在 $\lambda = 0$ 附近的幂级数,当 $|\lambda|$ 充分小时,该级数收敛. 另外,Poincare 还得知解 $x(s)$ 是 λ 的半纯函数,但他没有得出固有值 λ 存在的一般的命题. 1900 年 Fredholm 在假定区间 $[a, b]$ 有限及核、自由项为连续的条件下,使方程 (1.1.6) 的求解问题得以完全解决. 它的指导思想是把积分方程(1.1.6)与有穷的代数方程组作类比,直接用行列式求解,并把方程(1.1.6)的解表示成两式的商. 这一方法与解线性方程组的 Gramer 法则相仿. 具体来讲就是用下面的近似方程

$$x(s) - \lambda \sum_{j=1}^{n} K(s, t_j) x(t_j) \Delta t_j = f(s) \qquad (1.1.7)$$

代替方程(1.1.6). 在(1.1.7)中令 $s = t_1, t_2, t_3, \cdots, t_n$,则得出未知量为 $x(t_j), j = 1, 2, \cdots, n$ 的线性方程组

$$x(t_i) - \lambda \sum_{j=1}^{n} K(t_i, t_j) x(t_j) \Delta t_j = f(t_i), \quad i = 1, 2, \cdots, n$$

$$(1.1.8)$$

如果 λ 不是方程组(1.1.8)的系数行列式

$$d_n(\lambda) = \begin{bmatrix} 1-\lambda K(t_1,t_1)\Delta t_1, & -\lambda K(t_1,t_2)\Delta t_2, & \cdots & -\lambda K(t_1,t_n)\Delta t_n \\ -\lambda K(t_2,t_1)\Delta t_1, & 1-\lambda K(t_2,t_2)\Delta t_2, & \cdots & -\lambda K(t_2,t_n)\Delta t_n \\ \vdots & \vdots & \cdots & \vdots \\ -\lambda K(t_n,t_1)\Delta t_1, & -\lambda K(t_n,t_2)\Delta t_2, & \cdots & 1-\lambda K(t_n,t_n)\Delta t_n \end{bmatrix}$$

的特征根,则方程(1.1.8)可解,把所求得的值 $x(t_j)$ 代入(1.1.7),即得方程(1.1.6)的近似解

$$x(s) \approx f(s) + \lambda \frac{Q_\lambda(s,t_1,t_2,\cdots,t_n)}{d_n(\lambda)} \tag{1.1.9}$$

其中 Q_λ 和 $d_n(\lambda)$ 都是 λ 的多项式. Fredholm 指出,在 $K(s,t)$ 连续的假定下,当 $\Delta t_j \to 0$ 时,(1.1.9)中的分子和分母分别收敛于 $\lambda\int_a^b D_\lambda(s,t)f(t)\mathrm{d}t$ 和 $d(\lambda)$,这里 D_λ 和 $d(\lambda)$ 是 λ 的整函数,分别称为核 $K(s,t)$ 的 Fredholm 行列式和第一阶 Fredholm 子式. 如果引入所谓的 Fredholm 豫解式

$$H_\lambda(s,t) = \frac{D_\lambda(s,t)}{d(\lambda)},$$

则对一切使 $d(\lambda)\neq 0$ 的值 λ,函数

$$x(s) = f(s) + \lambda\int_a^b H_\lambda(s,t)f(t)\mathrm{d}t \tag{1.1.10}$$

即是方程的(1.1.6)解.

定理 1.1.1[2] 设 $K(s,t)$ 是 $a\leqslant s,t\leqslant b$ 上的连续核,λ 是 $K(s,t)$ 的正则值. 则对任意给定的连续函数 $f(s)$,积分方程

$$x(s) = f(s) + \lambda\int_a^b K(s,t)x(t)\mathrm{d}t \tag{1.1.11}$$

有唯一的连续解,并且这一解有下面的形式

$$x(s) = f(s) + \lambda\int_a^b H_\lambda(s,t)f(t)\mathrm{d}t \tag{1.1.12}$$

§1.2 函数值 Padé 逼近已做的主要工作

1.2.1 经典的函数值 Padé 逼近

函数值 Padé 逼近是从函数值幂级数出发获得有理函数逼近式的一个非常有效的方法. 它的基本思想是对于一个给定形式的函数值幂级数, 构造一个被称为函数值 Padé 逼近式的有理函数, 使它的 Taylor 展开式尽可能多的项与原函数值幂级数相吻合.

设 $f(s,\lambda)$ 是一个函数值形式的幂级数

$$f(s,\lambda) = y_0(s) + y_1(s)\lambda + y_2(s)\lambda^2 + \cdots + y_n(s)\lambda^n + \cdots \tag{1.2.1}$$

$$y_i(s) \in C[a,b], \quad s \in [a,b]$$

$f(s,\lambda)$ 的一个经典的函数值 Padé 逼近即为函数值的有理分式 $U(s,\lambda)/V(s,\lambda)$, 它满足下列逼近条件

$$f(s,\lambda)V(s,\lambda) - U(s,\lambda) = O(\lambda^{m+n+1}) \tag{1.2.2}$$

其中 $U(s,\lambda)$ 和 $V(s,\lambda)$ 是关于 λ 次数分别为 m 和 n 的函数值多项式, 由逼近条件 (1.2.2), 函数值有理分式函数 $U(s,\lambda)/V(s,\lambda)$ 成立:

$$U(s,\lambda)/(V(s,\lambda))^{-1}$$

$$= y_0(s) + y_1(s)\lambda + y_2(s)\lambda^2 + \cdots + y_{n+m}(s)\lambda^{n+m} \tag{1.2.3}$$

换言之, 有理分式 $U(s,\lambda)/(V(s,\lambda))^{-1}$ 与 $f(s,\lambda)$ 的函数值幂级数前 $m+n+1$ 相吻合, 在式 (1.2.3) 中的 $R(s,\lambda) = O(\lambda^{m+n+1})$ 称为经典的函数值 Padé 逼近的余项.

设 $U(s,\lambda) = \sum_{i=0}^{m} a_i(s)\lambda^i$, $V(s,\lambda) = \sum_{i=0}^{n} b_i(s)\lambda^i$ 由式 (1.2.2), (1.2.3), 可得

$$(b_0(s) + b_1(s)\lambda + b_2(s)\lambda^2 + \cdots + b_n(s)\lambda^n)(y_0(s) +$$

$$y_1(s)\lambda + y_2(s)\lambda^2 + \cdots)$$

$$= a_0(s) + a_1(s)\lambda + a_2(s)\lambda^2 + \cdots + a_m(s)\lambda^m + O(\lambda^{m+n+1})$$

$$(1.2.4)$$

比较式 $(1.2.4)$ 的两边 $1, \lambda, \lambda^2, \cdots, \lambda^{n+m}$ 的系数，可推导如下的方程

$$
\begin{bmatrix} a_0(s) \\ a_1(s) \\ \vdots \\ a_m(s) \end{bmatrix} =
\begin{bmatrix}
y_0(s) & 0 & 0 & \cdots & 0 \\
y_1(s) & y_0(s) & 0 & \cdots & 0 \\
\vdots & \vdots & \vdots & \ddots & \vdots \\
y_m(s) & y_{m-1}(s) & y_{m-2}(s) & \cdots & y_{m-n}(s)
\end{bmatrix}
\begin{bmatrix} b_0(s) \\ b_1(s) \\ \vdots \\ b_n(s) \end{bmatrix}
$$

$$(1.2.5)$$

$$
\begin{bmatrix}
y_{m+1}(s) & y_m(s) & \cdots & y_{m-n+1}(s) \\
y_{m+2}(s) & y_{m+1}(s) & \cdots & y_{m-n+2}(s) \\
\vdots & \vdots & \ddots & \vdots \\
y_{m+n}(s) & y_{m+n-1}(s) & \cdots & y_m(s)
\end{bmatrix}
\begin{bmatrix} b_0(s) \\ b_1(s) \\ \vdots \\ b_n(s) \end{bmatrix} =
\begin{bmatrix} 0 \\ 0 \\ \vdots \\ 0 \end{bmatrix}
$$

$$(1.2.6)$$

对方程 $(1.2.5)$，$(1.2.6)$，规定 $y_j(s) = 0 \ (j < 0)$.

如果规定 $b_0(s) = 1$，即 $V(s, \lambda)$ 为首 1 多项式，则方程 $(1.2.6)$ 可写成

$$
\begin{bmatrix}
y_m(s) & y_{m-1}(s) & \cdots & y_{m-n+1}(s) \\
y_{m+1}(s) & y_m(s) & \cdots & y_{m-n+2}(s) \\
\vdots & \vdots & \ddots & \vdots \\
y_{m+n-1}(s) & y_{m+n-2}(s) & \cdots & y_m(s)
\end{bmatrix}
\begin{bmatrix} b_1(s) \\ b_2(s) \\ \vdots \\ b_n(s) \end{bmatrix} = -
\begin{bmatrix} y_{m+1}(s) \\ y_{m+2}(s) \\ \vdots \\ y_{m+n}(s) \end{bmatrix}
$$

$$(1.2.7)$$

通常此方程称为 Padé 方程. 当 $[m/n]_f = U_{mn}(s, \lambda)/V_{mn}(s, \lambda)$ 为非退化时，$[m/n]_f$ 的分子行列式公式与分母行列式公式[80, 131] 分别为

$$U_{mn}(s, \lambda) = \det \begin{bmatrix} y_{m-n+1}(s) & y_{m-n+2}(s) & \cdots & y_{m+1}(s) \\ y_{m-n+2}(s) & y_{m-n+1}(s) & \cdots & y_{m+2}(s) \\ \vdots & \vdots & \ddots & \vdots \\ \sum_{i=0}^{m-n} y_i(s)\lambda^{i+n} & \sum_{i=0}^{m-n+1} y_i(s)\lambda^{i+n-1} & \cdots & \sum_{i=0}^{m} y_i(s)\lambda^i \end{bmatrix}$$

(1.2.8)

$$V_{mn}(s, \lambda) = \det \begin{bmatrix} y_{m-n+1}(s) & y_{m-n+2}(s) & \cdots & y_{m+1}(s) \\ y_{m-n+2}(s) & y_{m-n+3}(s) & \cdots & y_{m+2}(s) \\ \vdots & \vdots & \ddots & \vdots \\ \lambda^n & \lambda^{n-1} & \cdots & 1 \end{bmatrix}$$

(1.2.9)

1.2.2 广义逆函数值 Padé 逼近

下面叙述的是 Graves - Morris，顾传青、李春景关于广义逆函数值 Padé 逼近已做的工作.

设幂级数 $f(s, \lambda)$ 作为 λ 的函数在 $\lambda = 0$ 处解析. 自 20 世纪 90 年代起 Graves - Morris[80]引入了广义逆函数值 Padé 逼近（GIPA）来加速函数值幂级数（1.2.1）的收敛和估计积分方程（1.1.11）的特征值.

定义 1.2.1［80］ $R(s, \lambda)$ 为式所给的 $f(s, \lambda)$ 的型为［n/2k］的广义逆函数值 Padé 逼近.

$$R(s, \lambda) = \frac{P(s, \lambda)}{Q(\lambda)}$$ (1.2.10)

此处 $P(s, \lambda)$，$Q(\lambda)$ 是 λ 的多项式. 作为 s 的函数，$P(s, \lambda) \in L_2(a, b)$，且 $P(s, \lambda)$，$Q(\lambda)$ 满足下列条件：

(i) $\deg\{P(s, \lambda)\} \leqslant n - \alpha$，$\deg\{Q(\lambda)\} = 2k - 2\alpha$；

7

(ii) $Q(\lambda) \mid \parallel P(s,\lambda) \parallel^2$;

(iii) $Q(\lambda) = Q^*(\lambda)$. 此处 $Q^*(\lambda)$ 为 $Q(\lambda)$ 的共轭函数;

(iv) $Q(0) \neq 0$;

(v) $Q(\lambda) f(s,\lambda) - P(s,\lambda) = O(\lambda^{n+1})$, $Q(0) \neq 0$.

如果 $P(s,\lambda)$, $Q(\lambda)$ 满足定义 1.2.1 中的 (i)—(v), 则由式 (1.2.10) 给出的 $R(s,\lambda)$ 是唯一的, 其中分母 $Q(\lambda)$ 可由下式给出

$$Q(\lambda) = \det \begin{bmatrix} 0 & M_{01} & M_{02} & \cdots & M_{0,2k-1} & M_{0,2k} \\ -M_{01} & 0 & M_{12} & \cdots & M_{1,2k-1} & M_{1,2k} \\ \vdots & \vdots & \vdots & \ddots & \vdots & \vdots \\ -M_{0,2k-1} & -M_{1,2k-1} & -M_{2,2k-1} & \cdots & 0 & M_{2k-1,2k} \\ \lambda^{2k} & \lambda^{2k-1} & \lambda^{2k-2} & \cdots & \lambda & 1 \end{bmatrix}$$

$$(1.2.11)$$

此处

$$M_{ij} = \sum_{l=0}^{j-i-1} \int_a^b y_{l+i+n-2k+1}(s) \left[y_{j-l+n-2k}(s) \right]^* ds \qquad (1.2.12)$$

$$i = 0, 1, 2, \cdots, 2k, \quad j = i+1, i+2, \cdots, 2k$$

且定义, 当 $j < 0$ 时, $y_j(s) = 0$. Graves-Morris 指出, 对广义逆函数值 Padé 逼近定义 1.2.1 中的分子 $P(s,\lambda)$, 可由下式给出

$$P(s,\lambda) = \left[Q(\lambda) f(s,\lambda) \right]_0^n$$

其中 $[..]_0^n$ 表示关于从常数项到次数为 λ^n 项的 Maclaulin 截断多项式. 顾传青、李春景[95,114,118] 在 Graves-Morris 工作的基础上, 拓展了广义逆函数值 Padé 逼近方法的定义, 借助 $L_2(R)$ 上的范数公式, 构造了一个新的函数值复广义逆

$$\frac{\lambda}{g(x)} = \frac{(\lambda_1 g_1(x) + \lambda_2 g_2(x), -\lambda_1 g_2(x) + \lambda_2 g_1(x))}{\parallel g_1(x) \parallel^2 + \parallel g_2(x) \parallel^2}$$

$$= \frac{\lambda g^*(x)}{\parallel g(x) \parallel^2} \qquad (1.2.13)$$

在此基础上建立了复广义逆函数值 Padé 逼近的三种递推计算方法，分别是(1) ε-算法，(2) η-算法，(3) Thiele 型连分式算法.

我们发现，广义逆函数值 Padé 逼近与经典的函数值 Padé 逼近相比，它的优点是明显的，体现在如下几个方面：

第一，广义逆函数值 Padé 逼近所用的逆是复广义逆，因而大大拓宽了函数值 Padé 逼近的使用范围.

第二，广义逆函数值 Padé 逼近的计算简单，特别是三种算法 [95]，均是递推算法，易编程.

第三，经典的函数值 Padé 逼近相对于广义逆函数值函数值 Padé 逼近在估计积分方程特征值方面依赖于 s 的选择，因而稳定性较差 [80，131].

§1.3 本文所做的主要的工作

● 本文在第二章给出了函数值 Padé-型逼近(FPTA)构造性的定义，系统地研究了 FPTA 的各种代数性质，证明了两种形式的误差公式，并将其应用到求解第二类 Fredholm 积分方程.

● 本文第三章重点建立了函数值 Padé-型逼近的四种算法. 第一种算法是根据生成函数的拉格朗日插值多项式，建立了拟范德蒙型分子、分母直接表达式，算法直观简洁. 第二种算法是根据 FPTA 的误差公式，给出了递推算法. 第三种算法是一种混合算法，通过函数值幂级数的部分信息，将 Fredholm 行列式表达式近似取为生成多项式，再用 FPTA 的方法建立方程的近似解或精确解. 第四种算法是从 FPTA 误差公式的逼近阶出发，将关于泛函的正交多项式取为 FPTA 的生成多项式，得到了 FPTA 的正交行列式公式. 特别，最后一节讨论了当把 Padé-型逼近的生成多项式取为关于泛函的正交多项式时，函数值 Padé-型逼近表就具有三角形结构的分布特征. 每一种算法都给出了积分方程的实例，其结果证实了理论分析的正确性，并同其他方法进行了比较，从而显示了这些方法的优越性.

● 第四章从三种角度讨论了 FPTA 的收敛性. 首先根据 Toeplitz 定理建立了判定 FPTA 行、列收敛的充分条件. 其次, 借助于 FPTA 两种形式的误差公式, 分别研究了函数值 Padé-型逼近 $(m/n)_f(s, \lambda)$ 当 n 固定时 m 趋向于无穷时以及 m, n 同时趋向于无穷时的收敛性问题. 最后证明了最佳 L_P 局部的拟函数值有理逼近在紧子集上一致收敛于 FPTA.

● 第五章首次讨论了广义逆函数值 Padé 逼近的退化情形. 这种退化情形分为两种形式. 设逼近式的分母为 $Q(\lambda)$, 第一种形式为 $Q(0) = 0$; 第二种形式为 $Q(\lambda)$ 为奇数次的多项式. 本章给出了退化的广义逆函数值 Padé 逼近 (DGIPA) 的定义, 并构造了在各种退化情形下型为 $[n-\sigma/2k-2\sigma]$ 的广义逆函数值 Padé 逼近式.

● 第六章主要讨论的是关于广义逆函数值 Padé 逼近方法和函数值 Padé-型逼近方法的应用, 主要是将它们应用于加速函数序列的收敛和估计积分方程的特征值方面. 本文最后通过具体的实例验证了这些方法是有效的.

第二章 用于积分方程解的函数值 Padé-型逼近的定义与性质

从 1980 年开始,Brezinski 在专著[22]中系统地介绍了数量 Padé-型逼近的理论,并由国内外许多学者加以发展[7,19,75,94,108,122,128,129,131].Padé-型逼近的一个重要特征就是它的形成是与正交多项式紧密相关的.

1983 年 Draux[75]将 Padé-型逼近从数量情形推广到非交换代数的情形.

1990 年,Brezinski[25]研究了复数域上的 Padé-型逼近的对偶性,并将数量 Padé-型逼近应用到求 Laplace 的逆变换.

1999 年,Salam[122]将数量 Padé-型逼近推广到向量的情形,与 Graves-Morris 和 Roberts[91]将 Padé 逼近从向量的情形推广到矩阵的情形一样,Salam 的向量 Padé-型逼近是借助于 Clifford 代数的方法来定义的,也就是利用向量与矩阵之间的同构方式来定义的.但这种方法在具体计算上是很难实现的.

2004 年,顾传青[94]首次建立了基于直接内积的矩阵 Padé-型逼近的理论和方法,并给出了控制论中模型简化问题的矩阵 Padé-型算法和矩阵 Padé-型-Routh 混合算法.

本文首次在多项式空间上引入了一种线性泛函,从而定义了一种新的函数值 Padé-型逼近,称为函数值 Padé-型逼近(简记为 FPTA),它既不同于向量 Padé-型逼近,也不同于基于广义逆的函数值 Padé 逼近(GIPA)[10-12,80,95],因为在构造过程中无需实施广义逆,并将其成功地应用于第二类 Fredholm 积分方程.特别,在积分方程的特征值附近,函数值 Padé-型逼近所得到的逼近解方法与其他的方法相比具有较好的逼近效果.同时,函数值 Padé-型逼近能够构造分母多项式为奇数次的 FPTA，从而弥补了广义逆的函数值 Padé 逼近的分母多项式必须为偶数阶的限制[80, 113].

本章的主要结果如下：

● 构造性地得到了 FPTA 的低阶或高阶关于 λ 的分子函数值多项式，并应用到了第二类 Fredholm 积分方程中.

● 分析了 FPTA 与生成函数 $(1-x\lambda)^{-1}$ 的 Lagrange 插值多项式之间的联系，得到了另一种构造 FPTA 的途径.

● 建立了 FPTA 的各种代数性质并证明了它的唯一性定理，给出了两种形式的误差公式.

§2.1　函数值 Padé-型逼近的定义和构造

2.1.1　函数值系数幂级数

设第二类 Fredholm 积分方程为

$$x(s) = y(s) + \lambda \int_a^b K(s, t)x(t)\mathrm{d}t, \quad a \leqslant s, t \leqslant b \quad (2.1.1)$$

其中 $K(s, t)$ 和 $y(s)$ 分别是正方形区域 $[a, b] \times [a, b]$ 和区间 $[a, b]$ 上的连续函数.

假定方程 $(2.1.1)$ 的解 $x(s)$ 可以展开为一个具有函数值系数的幂级数

$$x(s) = f(s, \lambda) = y_0(s) + y_1(s)\lambda + y_2(s)\lambda^2 + \cdots + y_n(s)\lambda^n + \cdots$$
$$(2.1.2)$$

其中

$$y_i(s) = \int_a^b K^i(s, t)y(t)\mathrm{d}t, \quad i \geqslant 1, \quad (y_0(s) = y(s))$$

$$(2.1.3)$$

式(2.1.3)中的 $K^i(s,t)$ 称为第 i 阶迭核. 在本文中,假设 $x(s) = f(s,\lambda)$ 作为 λ 的函数在 $\lambda=0$ 是解析的,于是,对于足够小的 $|\lambda|$,级数(2.1.2)是收敛的. 同时,$y_i(s)$ 是 $[a,b]$ 上的连续函数.

设 $y_i(s)$,$y_j(s) \in L^2[a,b]$,它们的内积定义为

$$(y_i(s),y_j(s)) = \int_a^b y_i(s)y_j(s)\mathrm{d}s \qquad (2.1.4)$$

且有范数公式:

$$\| y_i(s) \| = \sqrt{(y_i(s),y_i(s))} = \left\{\int_a^b y_i^2(s)\mathrm{d}s\right\}^{\frac{1}{2}} \qquad (2.1.5)$$

2.1.2 函数值 Padé-型逼近的定义和构造

设 $\mathbf{P}$ 是一元多项式的集合,$\mathbf{P}_k$ 是次数不超过 k 的一元多项式的集合,而 $\mathbf{C}$ 是复数的集合. 设 $\phi: \mathbf{P} \to \mathbf{C}$ 是一个作用于多项式空间上的线性泛函,定义为

$$\phi(x^n) = y_n(s), \quad n=0,1,\cdots \qquad (2.1.6)$$

设 $|x\lambda|<1$,且有展开式

$$(1-x\lambda)^{-1} = 1 + x\lambda + (x\lambda)^2 + \cdots.$$

给定幂级数(2.1.2),从线性泛函(2.1.6)和上面的展开式,得到

$$\phi((1-x\lambda)^{-1}) = \phi(1 + x\lambda + (x\lambda)^2 + \cdots)$$
$$= y_0(s) + y_1(s)\lambda + y_2(s)\lambda^2 + \cdots + y_n(s)\lambda^n + \cdots$$
$$= f(s,\lambda).$$

设 $v \in \mathbf{P}_n$ 是次数为 n 的一元多项式

$$v(\lambda) = b_0 + b_1\lambda + \cdots + b_n\lambda^n \qquad (2.1.7)$$

并假定 $b_n \neq 0$. 定义具有函数值系数的多项式 W 为

$$W(s, \lambda) = \phi\left(\frac{v(x) - v(\lambda)}{x - \lambda}\right) \qquad (2.1.8)$$

注意到 ϕ 是作用于多项式空间上的线性泛函，因而 W 是关于 λ 次数为 $n-1$ 的函数值系数的多项式. 再令

$$\tilde{v}(\lambda) = \lambda^n v(\lambda^{-1}), \quad \widetilde{W}(s, \lambda) = \lambda^{n-1} W(s, \lambda^{-1}) \qquad (2.1.9)$$

定理 2.1.1　设 $\tilde{v}(0) \neq 0$，则成立

$$\widetilde{W}(s, \lambda) / \tilde{v}(\lambda) - f(s, \lambda) = O(\lambda^n).$$

证明：应用线性泛函 ϕ，展开 $(2.1.8)$ 中的 $(v(x) - v(\lambda))/(x - \lambda)$，得到

$$\widetilde{W}(s, \lambda) = \sum_{l=0}^{n-1}\left(\sum_{i=0}^{n-l-1} b_{l+i+1} y_i(s)\right)\lambda^l$$

$$= \sum_{l=0}^{n-1}\left(\sum_{i=0}^{l} b_{n-l+i} y_i(s)\right)\lambda^l.$$

另一方面，计算 $\tilde{v}(\lambda) f(s, \lambda)$，又得到

$$\tilde{v}(\lambda) f(s, \lambda) = \left(\sum_{j=0}^{n} b_{n-j}\lambda^j\right)\left(\sum_{i=0}^{\infty} y_i(s)\lambda^i\right)$$

$$= \sum_{l=0}^{\infty}\left(\sum_{i=0}^{l} b_{n-l+i} y_i(s)\right)\lambda^l.$$

于是成立

$$\tilde{v}(\lambda) f(s, \lambda) - \widetilde{W}(s, \lambda) = O(\lambda^n).$$

定义 2.1.2　给定幂级数 $(2.1.2)$，有理函数 $R_{n-1, n}(s, \lambda) = \widetilde{W}(s, \lambda) / \tilde{v}(\lambda)$ 称为 $(n-1, n)$ 阶函数值 Padé -型逼近，记为 $(n-$

$1/n)_f(s, \lambda)$.

设 $\phi^{(l)}: \mathbf{P} \to \mathbf{C}$ 是一个作用于多项式空间上的线性泛函，定义为

$$\phi^{(l)}(x^k) = y_{l+k}(s), \quad k = 0, 1, \cdots, l = m-n+1 \tag{2.1.10}$$

设

$$W_l(s, \lambda) = \phi^{(m-n+1)}\left(\frac{v(x) - v(\lambda)}{x - \lambda}\right) \tag{2.1.11}$$

和

$$\widetilde{W}_l(s, \lambda) = \lambda^{n-1} W_l(s, \lambda^{-1}) \tag{2.1.12}$$

根据构造公式(2.1.9)，(2.1.10)和(2.1.12)，定义

$$P_{mn}(s, \lambda) = \widetilde{v}(\lambda) \sum_{i=0}^{m-n} y_i(s)\lambda^i + \lambda^{m-n+1} \widetilde{W}_l(s, \lambda), \quad m \geqslant n \tag{2.1.13}$$

定理 2.1.3 设 $\widetilde{v}(0) \neq 0$，则成立

$$P_{mn}(s, \lambda)/\widetilde{v}(\lambda) - f(s, \lambda) = O(\lambda^{m+1}).$$

证明： 记 $f_{m-n+1}(s, \lambda)$ 为下列形式的函数值幂级数

$$f_{m-n+1}(s, \lambda) = \sum_{j=0}^{\infty} y_{m-n+j+1}(s)\lambda^j,$$

可推出

$$\lambda^{m-n+1} f_{m-n+1}(s, \lambda) = f(s, \lambda) - \sum_{i=0}^{m-n} y_i(s)\lambda^i \tag{2.1.14}$$

在式 (2.1.11)中施行 $\phi^{(m-n+1)}$，并利用式(2.1.12)，有

$$\widetilde{W}_l(s, \lambda) = \sum_{l=0}^{n-1}\left(\sum_{i=0}^{l} b_{n-l+i} y_{i+m-n+1}(s)\right)\lambda^l$$

计算乘积 $\widetilde{v}(\lambda) f_{m-n+1}(s, \lambda)$，成立

$$\widetilde{v}(\lambda) f_{m-n+1}(s, \lambda) = \sum_{l=0}^{\infty} \Big(\sum_{i=0}^{l} b_{n-l+i} y_{i+m-n+1}(s) \Big) \lambda^l,$$

根据定理 2.1.1 的证明，即得

$$\frac{\widetilde{W}_l(s, \lambda)}{\widetilde{v}(\lambda)} = (n-1/n)_f(s, \lambda),$$

从而，对于 $m \geqslant n$，由式(2.1.13)和(2.1.14)得到

$$\widetilde{v}(\lambda) f(s, \lambda) - P_{mn}(s, \lambda)$$

$$= \widetilde{v}(\lambda) \Big\{ \sum_{i=0}^{m-n} y_i(s) \lambda^i + \lambda^{m-n+1} f_{m-n+1}(s, \lambda) \Big\} -$$

$$\widetilde{v}(\lambda) \Big\{ \sum_{i=0}^{m-n} y_i(s) \lambda^i + \lambda^{m-n+1} \widetilde{W}_l(s, \lambda) \Big\}$$

$$= \lambda^{m-n+1} \{ \widetilde{v}(\lambda) f_{m-n+1}(s, \lambda) - \widetilde{W}_l(s, \lambda) \}$$

$$= \lambda^{m-n+1} \Big\{ \sum_{l=n}^{\infty} \Big(\sum_{i=0}^{l} b_{n-l+i} y_{i+m-n+1}(s) \Big) \lambda^l \Big\}$$

$$= O(\lambda^{m+1}).$$

定理证毕.

定义 2.1.4 给定幂级数(2.1.2)，有理函数 $R_{m, n}(s, \lambda) = P_{mn}(s, \lambda)/\widetilde{v}(\lambda)$ 称为(m, n) 阶函数值 Padé-型逼近，记为$(m/n)_f(s, \lambda)$.

例 2.1.5 设第二类 Fredholm 积分方程为：

$$y(s) = s + \lambda \int_{-\pi}^{\pi} (s \cos(t) + t^2 \sin(s) + \cos(s) \sin(t)) y(t) \mathrm{d}t$$

$$(2.1.15)$$

幂级数 $f(s, \lambda)$ 展开式的前几项为

$$y(s) = f(s, \lambda)$$
$$= s + 2\pi \cos (s)\lambda + 2\pi^2 s\lambda^2 - 8\pi^2\lambda^2 \sin s -$$
$$4\pi^3 \cos (s)\lambda^3 - 4\pi^4 \sin (s)\lambda^4 + \cdots.$$

若取生成多项式 $v(\lambda) = \lambda^2 + 2\pi^2$，求 $(m/2)_f(s, \lambda)$，$\quad m = 1, 2$.

解：由(2.1.9)得 $\tilde{v}(\lambda) = 1 + 2\lambda^2\pi^2$. 再根据(2.1.9)，(2.1.11) $\sim$ (2.1.13)，计算出

$$\widetilde{W}(s, \lambda) = s + 2\lambda\pi\cos s,$$

$$\widetilde{W}_1(s, \lambda) = 2\pi \cos s + \lambda(2\pi^2 s - 8\pi^2 \sin s),$$

$$P_{22}(s, \lambda) = \tilde{v}(\lambda)y_0(s) + \lambda \widetilde{W}_1(s, \lambda)$$
$$= s + \lambda 2\pi\cos (s) + \lambda^2(4\pi^2 s - 8\pi^2 \cos s).$$

分别得到

$$(1/2)_f(s, \lambda) = \frac{\widetilde{W}(s, \lambda)}{\tilde{v}(\lambda)}, \qquad (2/2)_f(s, \lambda) = \frac{P_{22}(s, \lambda)}{\tilde{v}(\lambda)}.$$

易验证

$$\tilde{v}(\lambda)f(s, \lambda) - P_{22}(s, \lambda) = O(\lambda^3),$$

$$\tilde{v}(\lambda)f(s, \lambda) - \widetilde{W}(s, \lambda) = O(\lambda^2).$$

§2.2　基于生成函数的拉格朗日插值多项式的函数值 Padé-型逼近

这一节讨论 FPTA 与生成函数 $(1-x\lambda)^{-1}$ 的 Lagrange 插值多项式之间的联系，实际上是开辟了构造 FPTA 的另一条途径. 即从生成多项式的结点出发，计算出生成函数 $(1-x\lambda)^{-1}$ 的 Lagrange 插值多

项式,再对其作用线性泛函 ϕ,这样便得到了 FPTA.

设幂级数(2.1.2)的 $f(s,\lambda)$ 函数值 Padé-型逼近的生成多项式为

$$v(\lambda) = \prod_{k=1}^{n}(\lambda - \lambda_k) \qquad (2.2.1)$$

其中结点 $\lambda_k \in R$ 是互异的,$k = 0, 1, \cdots, n$.

设函数值 Padé-型逼近的生成函数

$$g(x,\lambda) = (1 - x\lambda)^{-1} \qquad (2.2.2)$$

则其所对应的 Lagrange 插值多项式为:

$$L_n(x,\lambda) = \sum_{k=1}^{n} \frac{v(x)}{x - \lambda_k} \frac{1}{v'(\lambda_k)} \frac{1}{1 - \lambda_k \lambda} \qquad (2.2.3)$$

其中

$$v'(\lambda_k) = \frac{\mathrm{d}v(x)}{\mathrm{d}x}\Big|_{x=\lambda_k} \qquad (2.2.4)$$

定理 2.2.1 设 $\tilde{v}(0) \neq 0$,则成立

$$(n-1/n)_f(s,\lambda) = \widetilde{W}(s,\lambda)/\tilde{v}(\lambda),$$

且有

$$\phi(L_n(x,\lambda)) = \widetilde{W}(s,\lambda)/\tilde{v}(\lambda) + O(\lambda^n).$$

式中 $v(\lambda)$,$W(s,\lambda)$ 分别由式 (2.2.1)和(2.1.8)给出.

证明:将(2.2.1)中 $v(\lambda)$ 展开:

$$v(\lambda) = \prod_{k=1}^{n}(\lambda - \lambda_k) = (\lambda - \lambda_1)(\lambda - \lambda_2)\cdots(\lambda - \lambda_n)$$

$$= \lambda^n - \sigma_1 \lambda^{n-1} + \cdots + (-1)^{n-1}\sigma_{n-1}\lambda + (-1)^n \sigma_n$$

$$= b_n \lambda^n + b_{n-1}\lambda^{n-1} + \cdots + b_1 \lambda + b_0,$$

其中

$$b_i = (-1)^{n-i}\sigma_{n-i}, \ i = 0, \ 1, \ \cdots, \ n,$$

并且有

$$\sigma_0 = 1, \ \sigma_1 = \lambda_1 + \lambda_2 + \cdots + \lambda_n,$$

$$\sigma_2 = \lambda_1\lambda_2 + \lambda_1\lambda_3 + \cdots\lambda_{n-1}\lambda_n,$$

$$\cdots\cdots,$$

$$\sigma_n = \lambda_1\lambda_2\cdots\lambda_n.$$

由定理 2.1.1 得　　$\widetilde{v}(\lambda)f(s, \lambda) - \widetilde{W}(s, \lambda) = O(\lambda^n)$，即

$$(n-1/n)_f(s, \lambda) = \widetilde{W}(s, \lambda)/\widetilde{v}(\lambda).$$

又 Lagrange 基本插值多项式

$$l_k(x) = \frac{v(x)}{v'(\lambda_k)(x-\lambda_k)}$$

$$= \frac{(x-\lambda_1)\cdots(x-\lambda_{k-1})(x-\lambda_{k+1})\cdots(x-\lambda_n)}{(\lambda_k-\lambda_1)\cdots(\lambda_k-\lambda_{k-1})(\lambda_k-\lambda_{k+1})\cdots(\lambda_k-\lambda_n)}.$$

可见 $l_k(x), k = 1, 2, \cdots, n$ 是一个次数为 $n-1$ 的多项式，且有

$$\sum_{k=1}^{n}\lambda_k{}^i l_k(x) = x^i, \ i = 0, \ 1, \ \cdots, \ n-1.$$

于是，从上面的结果，推出

$$\phi(L_n(x, \lambda)) = \sum_{k=1}^{n}\frac{1}{1-\lambda\lambda_k}\phi(l_k(x))$$

$$= \sum_{k=1}^{n}\left\{\sum_{i=0}^{\infty}(\lambda_k\lambda)^i\phi(l_k(x))\right\}$$

$$= \sum_{i=0}^{\infty} \Big\{ \sum_{k=1}^{n} (\lambda_k)^i \phi(l_k(x)) \Big\} \lambda^i$$

$$= \sum_{i=0}^{n-1} \Big\{ \phi\Big(\sum_{k=1}^{n} (\lambda_k)^i l_k(x) \Big\} \lambda^i +$$

$$\sum_{i=n}^{\infty} \Big\{ \phi\Big(\sum_{k=1}^{n} (\lambda_k)^i l_k(x) \Big) \Big) \Big\} \lambda^i$$

$$= \sum_{i=0}^{n-1} \phi(x^i) \lambda^i + O(\lambda^n)$$

$$= \sum_{i=0}^{n-1} y_i(s) \lambda^i + O(\lambda^n)$$

$$= \widetilde{W}(s, \lambda) / \widetilde{v}(\lambda) + O(\lambda^n).$$

例 2.2.2 设第二类 Fredholm 积分方程为

$$y(s) = \cos s + \lambda \int_0^{2\pi} \sin(s+t) y(t) \mathrm{d}t \qquad (2.2.5)$$

积分方程(2.2.5)连续核是 $K(s, t) = \sin(s+t)$. 取生成多项式 $v(\lambda) = \lambda^2 - \pi^2$, 其中插值结点 $\lambda_1 = \pi$, $\lambda_2 = -\pi$, 求 $(1/2)_f(s, \lambda)$.

解: 幂级数 $f(s, \lambda)$ 展开式的前几项为

$$y(s) = f(s, \lambda)$$

$$= \cos(s) + \lambda \pi \sin(s) + \pi^2 \lambda^2 \cos(s) + \pi^3 \lambda^3 \sin(s) +$$

$$\pi^4 \lambda^4 \cos(s) + \pi^5 \lambda^5 \sin(s) + \cdots \qquad (2.2.6)$$

根据 (2.2.3), 得到

$$L_2(x, \lambda) = \frac{1 + x\lambda}{1 - \pi^2 \lambda^2}, \quad \phi(L_2(x, \lambda)) = \frac{y_0(s) + y_1(s)\lambda}{1 - \pi^2 \lambda^2}.$$

$$(2.2.7)$$

再根据定理 2.2.1, 得

$$(1/2)_f(s, \lambda) = (\cos s + \lambda\pi\sin s)/(1 - \pi^2\lambda^2) \qquad (2.2.8)$$

易验证积分方程逼近解 $(1/2)_f(s, \lambda)$ 与真实解 $y(s) = (\cos(s) + \lambda\pi\sin(s))/(1 - \pi^2\lambda^2)$ 是完全相等的.

对于结点有重根的情形,按照类似的方法,我们可证明下面的定理 2.2.3.

设生成多项式为

$$v(\lambda) = \prod_{k=1}^{l}(\lambda - \lambda_k)^{n_k} \qquad (2.2.9)$$

式中互异插值点 $\lambda_k \in R$, $k = 1, 2, \cdots, l$ 且 $\sum_{k=1}^{l} n_k = n$.

若 $H_n(x, \lambda)$ 是生成函数 $g(x, \lambda)$ 的 Hermite 插值多项式,其表达式为

$$H_n^j(\lambda_k, \lambda) = \frac{\mathrm{d}^j}{\mathrm{d}x^j}\left(\frac{1}{1 - x\lambda}\right)_{x=\lambda_k} \qquad (2.2.10)$$

$$k = 1, 2, \cdots, l, j = 0, 1, \cdots, n_k.$$

定理 2.2.3 设 $\tilde{v}(0) \neq 0$,则成立

$$(n-1/n)_f(s, \lambda) = \widetilde{W}(s, \lambda)/\tilde{v}(\lambda),$$

和

$$\phi(H_n(x, \lambda)) = \widetilde{W}(s, \lambda)/\tilde{v}(\lambda) + O(\lambda^n) \qquad (2.2.11)$$

§2.3 函数值 Padé-型逼近的代数性质

设幂级数 $g(s, \lambda)$ 是幂级数 $f(s, \lambda)$ 的倒函数,即

$$g(s, \lambda)f(s, \lambda) = 1 \qquad (2.3.1)$$

令

$$g(s, \lambda) = z_0(s) + z_1(s)\lambda + z_2(s)\lambda^2 + \cdots.$$

假定

$$y_0(s) \neq 0,$$

则 $g(s, \lambda)$ 的系数由下式给出

$$y_0(s)z_0(s) = 1,$$

$$y_k(s)z_0(s) + y_{k-1}(s)z_1(s) + \cdots + y_0(s)z_k(s) = 0. \quad k = 1, 2\cdots$$

$$(2.3.2)$$

利用函数值广义逆[80]，得

$$g(s, \lambda)^{-1} = \frac{g(s, \lambda)}{\| g(s, \lambda) \|^2} \tag{2.3.3}$$

其中

$$\| g(s, \lambda) \|^2 = \int_a^b \{g(s, \lambda)\}^2 \mathrm{d}s.$$

于是有

性质 2.3.1（对偶性）　设 $v(\lambda)$ 是一个关于 λ 的数量多项式，$f(s, 0) \neq 0$，且设

$$(n/n)_f(s, \lambda) = \frac{y_0(s)\widetilde{v}(\lambda) + \lambda \widetilde{W}_1(s, \lambda)}{\widetilde{v}(\lambda)} = \frac{P(s, \lambda)}{\widetilde{v}(\lambda)}$$

$$(2.3.4)$$

则成立

$$(n/n)_g(s, \lambda) = \frac{\widetilde{v}(\lambda)P(s, \lambda)}{\| P(s, \lambda) \|^2} \tag{2.3.5}$$

证明：由 FPTA 的定义，有

$$(n/n)_f(s, \lambda) = \frac{P(s, \lambda)}{\widetilde{v}(\lambda)} = \sum_{i=0}^{n} y_i(s)\lambda^i + O(\lambda^{n+1}), \quad y_0(s) \neq 0$$

$$(2.3.6)$$

设

$$(n/n)_g(s, \lambda) = \frac{Q(s, \lambda)}{\widetilde{u}(\lambda)},$$

亦有

$$(n/n)_g(s, \lambda) = \frac{Q(s, \lambda)}{\widetilde{u}(\lambda)} = \sum_{i=0}^{n} z_i(s)\lambda^i + O(\lambda^{n+1}), \quad z_0(s) \neq 0$$

$$(2.3.7)$$

应用式(2.3.2),得

$$\frac{P(s, \lambda)}{\widetilde{v}(\lambda)} \frac{Q(s, \lambda)}{\widetilde{u}(\lambda)} = y_0(s)z_0(s) + O(\lambda^{n+1}) = 1 + O(\lambda^{n+1})$$

$$(2.3.8)$$

从而得到

$$\frac{Q(s, \lambda)}{\widetilde{u}(\lambda)} = \frac{\widetilde{v}(\lambda)}{P(s, \lambda)} = \frac{\widetilde{v}(\lambda)P(s, \lambda)}{\parallel P(s, \lambda) \parallel^2} \qquad (2.3.9)$$

证毕.

性质 2.3.2(唯一性) 幂级数 $f(s, \lambda)$ 以 n 次多项式 $v_n(\lambda)$ 为生成多项式的 (m, n) 阶的函数值 Padé-型逼近是唯一的.

证明:设任意两个 (m, n) 阶函数值 Padé-型逼近分别满足:

$$\widetilde{W}_1(s, \lambda)/\widetilde{v}_n(\lambda) - f(s, \lambda) = O(\lambda^{m+1}),$$

$$\widetilde{W}_2(s, \lambda)/\widetilde{v}_n(\lambda) - f(s, \lambda) = O(\lambda^{m+1}),$$

即有

$$\widetilde{W}_1(s, \lambda) - \tilde{v}_n(\lambda) f(s, \lambda) = O(\lambda^{m+1}) \qquad (2.3.10)$$

$$\widetilde{W}_2(s, \lambda) - \tilde{v}_n(\lambda) f(s, \lambda) = O(\lambda^{m+1}) \qquad (2.3.11)$$

将上两式相减得

$$\widetilde{W}_2(s, \lambda) - \widetilde{W}_1(s, \lambda) = O(\lambda^{m+1}).$$

由于 $\widetilde{W}_1(s, \lambda)$，$\widetilde{W}_2(s, \lambda)$ 分别为关于 λ 的 m 次函数值多项式，故有

$$\widetilde{W}_1(s, \lambda) / \tilde{v}_n(\lambda) = \widetilde{W}_2(s, \lambda) / \tilde{v}_n(\lambda).$$

性质 2.3.2 证毕.

推论 2.3.3 设 $f(s, \lambda)$ 以 $\tilde{v}_n(\lambda)$ 为分母的函数值 Padé 型逼近是 $(m/n)_f(s, \lambda)$，则分子函数值多项式为 $\tilde{v}_n(\lambda) f(s, \lambda)$ 关于 λ 的幂级数前 $m+1$ 项之和.

证明：由定理 2.1.3，得

$$\tilde{v}_n(\lambda) f(s, \lambda) = y_0(s) + y_1(s)\lambda + y_2(s)\lambda^2 + \cdots +$$
$$y_m(s)\lambda^m + O(\lambda^{m+1})$$

将上式两边同除以 $\tilde{v}_n(\lambda)$，得

$$\sum_{i=0}^{m} y_i(s)\lambda^i / \tilde{v}_n(\lambda) - f(s, \lambda) = O(\lambda^{m+1})$$

由唯一性知分子多项式即为 $\tilde{v}_n(\lambda) f(s, \lambda)$ 关于 λ 的幂级数前 $m+1$ 项之和.

例 2.3.4 考虑下列第二类 Fredholm 积分方程

$$x(s) = f(s, \lambda) = \frac{6}{5}(1 - 4s) + \lambda \int_0^1 (s\ln t - t\ln s) x(t) \mathrm{d}t$$

$$(2.3.12)$$

它的连续核是 $K(s, t) = s\ln t - t\ln s$，$0 \leqslant s, t \leqslant 1$，其幂级数展开式为

$$f(s, \lambda) = \frac{6}{5}(1 - 4s) + \lambda \ln s + \left(\frac{1}{4}\ln s + 2s\right)\lambda^2 - \frac{29}{48}(\ln s)\lambda^3 -$$

$$\frac{841}{2\,304}(\ln s)\lambda^5 - \frac{841}{9\,216}(\ln s + 2s)\lambda^6 + \cdots.$$

解： 取生成多项式 $v(\lambda) = \lambda^2 + \dfrac{29}{48}$，则 $\tilde{v}(\lambda) = 1 + \dfrac{29}{48}\lambda^2$，得

$$\tilde{v}(\lambda)f(s,\lambda) = \frac{6}{5}(1-4s) + \lambda\ln s + \frac{174}{240}(1-4s)\lambda^2 +$$

$$\frac{1}{4}(\ln s + 2s)\lambda^2 - \frac{29}{48}(\ln s)\lambda^3 + \cdots.$$

由推论 2.3.3 得

$$(2/2)_f(s,\lambda) = \frac{6}{5}(1-4s) + \frac{\lambda^2\left(2s + \dfrac{1}{4}\ln s\right) + \lambda\ln s}{1 + \dfrac{29}{48}\lambda^2}.$$

易验证 $(2/2)_f(s,\lambda)$ 是第二类 Fredholm 积分方程（2.3.12）的准确解.

性质 2.3.5(线性性质)　设 $h(s,\lambda) = a f(s,\lambda) + bg(s,\lambda)$ 其中 a,b 为常数，

$$(m/n)_f(s,\lambda) = \frac{P_1(s,\lambda)}{\tilde{v}_n(\lambda)}, \quad (m/n)_g(s,\lambda) = \frac{P_2(s,\lambda)}{\cdot\tilde{v}_n(\lambda)},$$

则

$$(m/n)_h(s,\lambda) = a(m/n)_f(s,\lambda) + b(m/n)_f(s,\lambda)$$

$$(2.3.13)$$

其中 $(m/n)_f(s,\lambda)$ 与 $(m/n)_g(s,\lambda)$ 的生成多项式取为 $v_n(\lambda)$.

证明： 由定理 2.1.3，得

$$(m/n)_f(s,\lambda) = f(s,\lambda) + O(\lambda^{m+1}),$$

$$(m/n)_g(s,\lambda) = g(s,\lambda) + O(\lambda^{m+1}).$$

25

将上述两式分别乘以 a 和 b 然后再相加,得

$$a(m/n)_f(s, \lambda) + b(m/n)_g(s, \lambda)$$
$$= af(s, \lambda) + bg(s, \lambda) + O(\lambda^{m+1}),$$

或

$$\frac{aP_1(s, \lambda) + bP_2(s, \lambda)}{\widetilde{v}_n(\lambda)} = h(s, \lambda) + O(\lambda^{m+1}).$$

证毕.

推论 2.3.6 设 $P_k(s, \lambda)$ 和 $v_n(\lambda)$ 分别是关于 λ 的 k 和 n 次多项式,令

$$g(s, \lambda) = f(s, \lambda) + \frac{P_k(s, \lambda)}{v_n(\lambda)} \qquad (2.3.14)$$

则当 $m \geqslant k$ 时,$f(s, \lambda)$ 和 $g(s, \lambda)$ 以 $v_n(\lambda)$ 为分母的 Padé - 型逼近满足关系式

$$(m/n)_g(s, \lambda) = (m/n)_f(s, \lambda) + \frac{P_k(s, \lambda)}{v_n(\lambda)}.$$

推论 2.3.7 设 $\lambda^{k+1} g(s, \lambda) = f(s, \lambda)$,则

$$\lambda^{k+1}(n-1/n)_f(s, \lambda) = (n+k/n)_f(s, \lambda) \qquad (2.3.15)$$

其中两个函数值 Padé -型逼近的分母相同.

性质 2.3.8 设

$$(m/n)_f(s, \lambda) = \frac{P_1(s, \lambda)}{v(\lambda)} = f(s, \lambda) + A(s)\lambda^{m+1} + O(\lambda^{m+2}),$$

且

$$(m+1/n)_f(s, \lambda) = \frac{P_2(s, \lambda)}{v(\lambda)},$$

则

$$P_2(s, \lambda) = P_1(s, \lambda) - A(s)v(0)\lambda^{m+1}.$$

证明：由定理 2.1.3，有

$$\frac{P_2(s, \lambda)}{v(\lambda)} - f(s, \lambda) = O(\lambda^{m+2}) \qquad (2.3.16)$$

且有

$$(m/n)_f(s, \lambda) - f(s, \lambda) - A(s)\lambda^{m+1} = O(\lambda^{m+2}) \qquad (2.3.17)$$

比较(2.3.16)和(2.3.17)，得

$$P_2(s, \lambda) - P_1(s, \lambda) - A(s)v(0)\lambda^{m+1} = O(\lambda^{m+2}).$$

而 $\{P_2(s, \lambda) - P_1(s, \lambda) - A(s)\lambda^{m+1}\}$ 是关于 λ 的次数小于等于 $m+1$ 多项式. 性质证毕.

性质 2.3.9(自变量分式变换下的不变性) 设 $\omega = \dfrac{a\lambda}{1+b\lambda}(a \neq 0$，$b \neq 0)$，$g(s, \omega) = f(s, \lambda)$，则有

$$(n/n)_g(s, \omega) = (n/n)_f(s, \lambda) \qquad (2.3.18)$$

证明：令

$$(n/n)_g(s, \omega) = \frac{P(s, \omega)}{v(\omega)}.$$

由 $FTPA$ 的定义，得

$$v(\omega)g(s, \omega) - P(s, \omega) = O(\omega^{n+1}) \qquad (2.3.19)$$

将 ω 代入，有

$$v\left(\frac{a\lambda}{1+b\lambda}\right)g\left(s, \frac{a\lambda}{1+b\lambda}\right) - P\left(s, \frac{a\lambda}{1+b\lambda}\right) = O\left(\left(\frac{a\lambda}{1+b\lambda}\right)^{n+1}\right)$$

$$(2.3.20)$$

在 $(2.3.20)$ 的两端同乘 $(1+b\lambda)^n$，并记

$$\bar{P}(s, \lambda) = (1+b\lambda)^n P\left(s, \frac{a\lambda}{1+b\lambda}\right), \bar{v}(\lambda) = (1+b\lambda)^n v\left(\frac{a\lambda}{1+b\lambda}\right).$$

显然，$\bar{P}(s, \lambda)$，$\bar{v}(\lambda)$ 仍然分别是关于 λ 的 n 次多项式.

$$f(s, \lambda)\bar{v}(\lambda) - \bar{P}(s, \lambda) = O(\lambda^{n+1})$$

根据性质 2.3.2 的唯一性，有

$$(n/n)_f(s, \lambda) = \frac{\bar{P}(s, \lambda)}{\bar{v}(\lambda)} = \frac{P(s, \omega)}{v(\omega)} = (n/n)_g(s, \omega).$$

证毕.

定理 2.3.10（函数值 Padé -型逼近的 Nattall 紧凑公式） 设 $Q_n(\lambda)$ 是任意的 n 个线性无关多项式序列，$\deg\{Q_n(\lambda)\} = n$.

令 A 为 $n \times n$ 矩阵，其元素 $a_{ij} = \phi((1-x\lambda)Q_{i-1}(x)Q_{j-1}(x))$， i，$j = 1, 2, \cdots, n$.

设向量 γ 的元素为 $\gamma_i = \phi\left[Q_{i-1}(x)\left(1 - \frac{v(x)}{v(\lambda^{-1})}\right)\right]$, $i = 1, 2, \cdots, n$.

设向量 u 的元素为 $u_i = \phi(Q_{i-1}(x))$, $i-1, 2, \cdots, n$, 则成立

$$(n-1/n)_f(s, \lambda) = (u, A^{-1}\gamma) \qquad (2.3.21)$$

其中 $(n-1/n)_f(s, \lambda)$ 的分母取为 $\tilde{v}(\lambda)$，$(\cdot, \cdot)$ 表示两向量内积.

证明： 取任意生成多项式 $v(\lambda)$，其次数为 n，得

$$(n-1/n)_f(s, \lambda) = \lambda^{n-1}\frac{W(s, \lambda^{-1})}{\tilde{v}(\lambda)}$$

$$= \frac{\lambda^{n-1}}{\tilde{v}(\lambda)}\phi\left(\frac{v(\lambda^{-1}) - v(x)}{\lambda^{-1} - x}\right)$$

$$= \frac{\lambda^n}{\tilde{v}(\lambda)}\phi\left(\frac{v(\lambda^{-1}) - v(x)}{1 - x\lambda}\right)$$

$$= \frac{1}{v(\lambda^{-1})} \phi\left(\frac{v(\lambda^{-1}) - v(x)}{1 - x\lambda}\right) \quad (2.3.22)$$

显然 $\dfrac{1}{v(\lambda^{-1})} \dfrac{v(\lambda^{-1}) - v(x)}{1 - x\lambda}$ 是关于 x 的 $n-1$ 次多项式，其系数依赖于 λ 的函数. 它可写成

$$\frac{1}{v(\lambda^{-1})} \frac{v(\lambda^{-1}) - v(x)}{1 - x\lambda}$$

$$= \beta_0(\lambda)Q_0(x) + \beta_1(\lambda)Q_1(x) + \cdots + \beta_{n-1}(\lambda)Q_{n-1}(x) \quad (2.3.23)$$

其中 $\beta_i(\lambda)$ 是关于 λ 的多项式. 显然

$$(n-1/n)_f(s, \lambda) = \beta_0(\lambda)\phi(Q_0(x)) + \beta_1(\lambda)\phi(Q_1(x)) + \cdots +$$
$$\beta_{n-1}(\lambda)\phi(Q_{n-1}(x)) \quad (2.3.24)$$

对于 $i = 0, 1, 2\cdots, n-1$，将 (2.3.23) 变形，并作用泛函，有

$$\phi\left(Q_i(x)\left(1 - \frac{v(x)}{v(\lambda^{-1})}\right)\right)$$

$$= \phi((1 - x\lambda)((\beta_0(\lambda)Q_0(x)Q_i(x) +$$
$$\beta_1(\lambda)Q_1(x)Q_i(x) + \cdots + \beta_{n-1}(\lambda)Q_i(x)Q_{n-1}(x))) \quad (2.3.25)$$

将上式表示为矩阵形式，即有

$$\begin{pmatrix} \phi((1-x\lambda)Q_0^2) & \phi((1-x\lambda)Q_0Q_1) & \cdots & \phi((1-x\lambda)Q_0Q_{n-1}) \\ \phi((1-x\lambda)Q_0Q_1) & \phi((1-x\lambda)Q_1^2) & \cdots & \phi((1-x\lambda)Q_1Q_{n-1}) \\ \vdots & \vdots & \ddots & \vdots \\ \phi((1-x\lambda)Q_0Q_{n-1}) & \phi((1-x\lambda)Q_1Q_{n-1}) & \cdots & \phi((1-x\lambda)Q_{n-1}^2) \end{pmatrix} \begin{pmatrix} \beta_0 \\ \beta_1 \\ \vdots \\ \beta_{n-1} \end{pmatrix} = \begin{pmatrix} \gamma_0 \\ \gamma_1 \\ \vdots \\ \gamma_{n-1} \end{pmatrix}$$

$$(2.3.26)$$

从而得到

$$(n-1/n)_f(s, \lambda) = (u, A^{-1}\gamma).$$

§2.4   函数值 Padé-型逼近的两种误差公式

这一节是从两种角度来讨论 FPTA 的误差,一种是从定义出发得到泛函形式的 FPTA 的误差公式,另一种从 Hermite 插值多项式出发得到 FPTA 积分形式的误差公式. 这两个误差公式的建立为后面讨论的 FPTA 收敛性奠定了非常重要的理论基础.

设函数值系数的幂级数

$$f(s, \lambda) = y_0(s) + y_1(s)\lambda + y_2(s)\lambda^2 + \cdots + y_n(s)\lambda^n + \cdots$$
(2.4.1)

定理 2.4.1(误差公式 I)   设 $\tilde{v}(\lambda) \neq 0$,则成立

$$f(s, \lambda) - (n-1/n)_f(s, \lambda) = \frac{\lambda^n}{\tilde{v}(\lambda)}\phi\left(\frac{v(x)}{1-x\lambda}\right)$$ (2.4.2)

证明: 由于 ϕ 是作用在多项式空间上的线性泛函,故有

$$\widetilde{W}(s, \lambda) = \lambda^{n-1}W(s, \lambda^{-1})$$

$$= \lambda^{n-1}\phi\left(\frac{v(\lambda^{-1}) - v(x)}{\lambda^{-1} - x}\right)$$

$$= \lambda^{n-1}\phi\left(\frac{\lambda v(\lambda^{-1}) - \lambda v(x)}{1 - x\lambda}\right)$$

$$= \phi\left(\frac{\lambda^n v(\lambda^{-1}) - \lambda^n v(x)}{1 - x\lambda}\right)$$

$$= \tilde{v}(\lambda)f(s, \lambda) - \lambda^n\phi\left(\frac{v(x)}{1 - x\lambda}\right).$$

定理证毕.

推论 2.4.2   设 $\tilde{v}(\lambda) \neq 0$,则成立

$$f(s, \lambda) - (n-1/n)_f(s, \lambda) = \frac{\lambda^n}{\widetilde{v}(\lambda)} \sum_{k=0}^{\infty} z_k(s)\lambda^k.$$

式中

$$z_k(\lambda) = \phi(\lambda^k v(x)) = b_0 y_k(s) + b_1 y_{k-1}(s) + \cdots + b_n y_{k+n}(s).$$

定理 2.4.3(误差公式 Ⅱ) 设 $\widetilde{v}(\lambda) \neq 0$,则成立

$$f(s, \lambda) - (m/n)_f(s, \lambda) = \frac{\lambda^{m+1}}{\widetilde{v}(\lambda)} \phi^{(m-n+1)}\left(\frac{v(x)}{1-x\lambda}\right) \quad (2.4.3)$$

证明: 由定理 1.2.3 得

$$(m/n)_f(s, \lambda) = P_{mn}(s, \lambda)/\widetilde{v}(\lambda).$$

从定理 2.1.3 的证明可知,如果记

$$f_{m-n+1}(s, \lambda) = \sum_{j=0}^{\infty} y_{m-n+1+j}(s)\lambda^j = \phi^{(m-n+1)}\left(\frac{1}{1-x\lambda}\right)$$

则有

$$f(s, \lambda) - \frac{P_{mn}(s, \lambda)}{\widetilde{v}(\lambda)} = \lambda^{m-n+1}\left\{ f_{m-n+1}(s, \lambda) - \frac{\widetilde{W}_{m-n+1}(s, \lambda)}{\widetilde{v}(\lambda)} \right\}$$

$$(2.4.4)$$

根据(2.1.11)和(2.1.12),得

$$\widetilde{W}_{m-n+1}(s, \lambda) = \lambda^{n-1} W_{m-n+1}(s, \lambda^{-1})$$

$$= \lambda^n \phi^{(m-n+1)}\left(\frac{v(\lambda^{-1}) - v(x)}{1-x\lambda}\right)$$

$$= \widetilde{v}(\lambda) \phi^{(m-n+1)}\left(\frac{1}{1-x\lambda}\right) - \lambda^n \phi^{(m-n+1)}\left(\frac{v(x)}{1-x\lambda}\right)$$

$$= \widetilde{v}(\lambda) f_{m-n+1}(s, \lambda) - \lambda^n \phi^{(m-n+1)}\left(\frac{v(x)}{1-x\lambda}\right)$$

即有

$$\frac{\widetilde{W}_{m-n+1}(s,\,\lambda)}{\widetilde{v}(\lambda)} = f_{m-n+1}(s,\,\lambda) - \frac{\lambda^n}{\widetilde{v}(\lambda)} \phi^{(m-n+1)} \left(\frac{v(x)}{1-x\lambda} \right)$$

(2.4.5)

将式(2.4.5)的结果代入式(2.4.4),即得误差公式(Ⅱ). 证毕.

定理 2.4.4(积分形式的误差公式) 设 $f(s,\,\lambda)$ 在区域 $D: \{\lambda: |\lambda| < R\}$ 内解析,则 $f(s,\,\lambda)$ 以 $v_n(\lambda)$ 为生成多项式的函数值 Padé-型逼近有如下的误差公式:

$$f(s,\,\lambda) - (m/n)_f(s,\,\lambda) = \frac{\lambda^{m+1}}{\widetilde{v}_n(\lambda)} \frac{1}{2\pi\mathrm{i}} \int_{|t|=R} \frac{\widetilde{v}_n(t) f(s,\,t)}{t^{m+1}(t-\lambda)} \mathrm{d}t.$$

(2.4.6)

证明: 因为 $f(s,\,\lambda)$ 在 $D: \{\lambda \mid |\lambda| < R\}$ 内解析,所以 $\widetilde{v}_n(\lambda) f(s,\,\lambda)$ 也在 $D: \{\lambda \mid |\lambda| < R\}$ 内解析,作 $\widetilde{v}_n(\lambda) f(s,\,\lambda)$ 在原点处的 m 次插值多项式 $L_m(s,\,\lambda)$,由 Hermite 公式[150],得

$$L_m(s,\,\lambda) = \frac{1}{2\pi\mathrm{i}} \int_{|t|=R} \frac{t^{m+1} - \lambda^{m+1}}{t-\lambda} \frac{\widetilde{v}_n(t) f(s,\,t)}{t^{m+1}} \mathrm{d}t \quad (2.4.7)$$

再由 Cauchy 公式

$$\widetilde{v}_n(\lambda) f(s,\,\lambda) = \frac{1}{2\pi\mathrm{i}} \int_{|t|=R} \frac{\widetilde{v}_n(t) f(s,\,t)}{t-\lambda} \mathrm{d}t \quad (2.4.8)$$

将(2.4.8)减去(2.4.7),得

$$\widetilde{v}_n(\lambda) f(s,\,\lambda) - L_m(s,\,\lambda) = \frac{1}{2\pi\mathrm{i}} \int_{|t|=R} \left(\frac{\lambda}{t} \right)^{m+1} \frac{\widetilde{v}_n(t) f(s,\,t)}{t-\lambda} \mathrm{d}t.$$

注意到 $L_m(s,\,\lambda)$ 是关于 λ 的 m 次多项式,由唯一性性质 2.3.2 知,误差公式(2.4.6)成立. 定理证毕.

第三章　用于积分方程解的函数值 Padé-型逼近的几种算法

　　为了求出难于处理的第二类 Fredholm 积分方程的解或近似解,尤其当积分方程具有形如(2.1.2)的发生函数时,国内外有些学者利用 Padé 逼近方法来进行分析和计算,这是因为 Padé 逼近方法易于计算,同时它对具有有限秩的积分方程的逼近最终是精确的. 1973年, Chisholm[48,49]已经证明具有秩为 n 核为 K 的积分方程的精确解可以用关于扰动级数的 Padé 逼近的前 $2n$ 项来表示. 1990 年, Graves – Morris[80,82]引入了广义逆函数值 Padé 逼近方法来加速幂级数(2.1.2)的收敛和估计积分方程的特征值. 2001 年,顾传青和李春景[93,95,113,114]建立了广义逆函数值 Padé 逼近(GIPA)的完整的行列式计算公式和三个有效的递推计算公式. 但是,GIPA 的方法有一个不足之处,就是它的构造方法决定了得到的 Padé 逼近的分母多项式的次数必定是偶数次的.为了弥补这个不足之处,本文在第二章定义了一种新的函数值 Padé-型逼近. 在这一章给出它的几种算法,其主要结果如下:

　　● 根据生成函数的拉格朗日插值多项式,建立了拟范德蒙型分子、分母行列式的直接表达式.

　　● 根据函数值 Padé-型逼近的泛函形式的误差公式,构造出了一种递推算法.

　　● 在已知积分方程核的 Fredholm 行列式的条件下,再用函数值 Padé-型逼近的方法建立了一种新的 Fredholm-Padé-型逼近的混合方法来求方程的近似解或精确解.

　　● 为了进一步改善积分方程的近似解的精确度,本章第四节引入了关于泛函的正交多项式,并就此给出了 FPTA 的正交多项式的行列式公式. 特别, 当把 Padé-型逼近的生成多项式取为关于泛函的正交多项式时, 函数值 Padé-型逼近表就具有三角形结构的分布特征.

● 每一种算法都给出了具体实例, 其结果证实了理论分析的正确性, 并同其他的算法进行了比较, 从而显示了这些算法的优越性.

§3.1   函数值 Padé-型逼近的拟范德蒙型行列式表达式

本节通过生成函数的拉格朗日插值多项式, 建立了拟范德蒙型低阶和高阶的分子、分母行列式的直接表达式.

设生成多项式

$$v_n(\lambda) = \prod_{k=1}^{n} (\lambda - \lambda_k) \qquad (3.1.1)$$

其中 $v_0(\lambda) = 1$, 且 $\lambda_1, \lambda_2, \cdots, \lambda_n$ 是互不相同的.

设

$$g(x, \lambda) = (1 - x\lambda)^{-1} \qquad (3.1.2)$$

为幂级数 $f(s, \lambda)$ 函数值 Padé-型逼近的生成函数.

定理 3.1.1   设 $f(s, \lambda)$ 的函数值 Padé-型逼近 $(n-1/n)_f(s, \lambda)$ 的生成多项式为 $v_n(\lambda)$, 则有

$$(n-1/n)_f(s, \lambda) = \sum_{i=1}^{n} A(s, \lambda_i)(1 - \lambda\lambda_i)^{-1} \qquad (3.1.3)$$

其中 $v'_n(\lambda_i) = \left(\dfrac{\mathrm{d}v_n(x)}{\mathrm{d}x} \right) \big|_{x=\lambda_i}$, $A(s, \lambda_i) = \dfrac{W(s, \lambda_i)}{v'_n(\lambda_i)}$.

证明: 将生成多项式 $v_n(x)$ 的零点作为式 (3.1.2) 的 $g(x, \lambda)$ 的 Lagrange 插值多项式的插值结点, 则有

$$L_n(x, \lambda) = \sum_{i=1}^{n} \frac{v_n(x)}{(x - \lambda_i)v'_n(\lambda_i)} \frac{1}{1 - \lambda\lambda_i} \qquad (3.1.4)$$

由 $v_n(\lambda_i) = 0$，及(2.1.1)得

$$\phi(L_n(x, \lambda)) = \sum_{i=1}^{n} \frac{1}{v_n'(\lambda_i)} \phi\left(\frac{v_n(x) - v_n(\lambda_i)}{x - \lambda_i}\right) \frac{1}{1 - \lambda\lambda_i}$$

$$= \sum_{i=1}^{n} \frac{W(s, \lambda_i)}{v_n'(\lambda_i)} \frac{1}{1 - \lambda\lambda_i}.$$

令

$$A(s, \lambda_i) = \frac{W(s, \lambda_i)}{v_n'(\lambda_i)}$$

根据定理 2.2.1，有

$$\phi(L_n(x, \lambda)) = (n-/n)_f(s, \lambda) = \sum_{i=1}^{n} A(s, \lambda_i)(1 - \lambda\lambda_i)^{-1}$$

$$(3.1.5)$$

这样就证明了式(3.1.3).

推论 3.1.2 设 $f(s, \lambda)$ 函数值 Padé-型逼近的生成多项式为 $v_n(\lambda)$，则有

$$(n-1/n)_f(s, \lambda) = \frac{\begin{vmatrix} 0 & y_0(s) & \cdots & y_{n-1}(s) \\ (\lambda_1\lambda-1)^{-1} & 1 & \cdots & \lambda_1^{n-1} \\ \vdots & \vdots & \cdots & \vdots \\ (\lambda_n\lambda-1)^{-1} & 1 & \cdots & \lambda_n^{n-1} \end{vmatrix}}{\begin{vmatrix} 1 & \lambda_1 & \lambda_1^2 & \cdots & \lambda_1^{n-2} & \lambda_1^{n-1} \\ \vdots & \cdots & \cdots & \cdots & \cdots & \vdots \\ 1 & \lambda_i & \lambda_i^2 & \cdots & \lambda_i^{n-2} & \lambda_i^{n-1} \\ 1 & \lambda_{i+1} & \lambda_{i+1}^2 & \cdots & \lambda_{i+1}^{n-2} & \lambda_{i+1}^{n-1} \\ \vdots & \cdots & \cdots & \cdots & \cdots & \vdots \\ 1 & \lambda_n & \lambda_n^2 & \cdots & \lambda_n^{n-2} & \lambda_n^{n-1} \end{vmatrix}}$$

$$(3.1.6)$$

其中(3.1.6)的分母行列式是范德蒙行列式,简记为 D,其中 $D = \prod_{1 \leqslant i < j \leqslant n} (\lambda_i - \lambda_j)$.

证明:一方面,由于泛函 ϕ 是作用于关于 x 的多项式上,所以可以将(3.1.3)右边的第 i 项 $A(s, \lambda_i)$ 写成如下的(3.1.7)

$$A(s, \lambda_i) = \frac{W(s, \lambda_i)}{v'_n(\lambda_i)} = \phi \left(\frac{v_n(x)}{(x - \lambda_i) v'_n(\lambda_i)} \right)$$

$$= \frac{1}{v'_n(\lambda_i)} \phi \left(\frac{v_n(x)}{(x - \lambda_i)} \right)$$

$$= \frac{\phi \{ (\lambda_n - x)(\lambda_{n-1} - x) \cdots (\lambda_{i+1} - x) \cdot (\lambda_{i-1} - x) \cdots (\lambda_2 - x)(\lambda_1 - x) \}}{\{ (\lambda_i - \lambda_1)(\lambda_i - \lambda_2) \cdots (\lambda_i - \lambda_{i-1}) \cdot (\lambda_i - \lambda_{i+1}) \cdots (\lambda_i - \lambda_{n-1})(\lambda_i - \lambda_n) \}}$$

$$= \frac{(-1)^{n-1} \phi \{ (x - \lambda_n)(x - \lambda_{n-1}) \cdots (x - \lambda_{i+1}) \cdot (x - \lambda_{i-1}) \cdots (x - \lambda_2)(x - \lambda_1) \}}{(-1)^{n-i} \{ (\lambda_i - \lambda_1)(\lambda_i - \lambda_2) \cdots (\lambda_i - \lambda_{i-1}) \cdot (\lambda_{i+1} - \lambda_i) \cdots (\lambda_{n-1} - \lambda_i)(\lambda_n - \lambda_i) \}}$$

$$= (-1)^{i+1} \phi \left(\frac{\{ (x - \lambda_n)(x - \lambda_{n-1}) \cdots (x - \lambda_{i+1}) \cdot (x - \lambda_{i-1}) \cdots (x - \lambda_2)(x - \lambda_1) \}}{\{ (\lambda_i - \lambda_1)(\lambda_i - \lambda_2) \cdots (\lambda_i - \lambda_{i-1}) \cdot (\lambda_{i+1} - \lambda_i) \cdots (\lambda_{n-1} - \lambda_i)(\lambda_n - \lambda_i) \}} \right)$$

$$\tag{3.1.7}$$

另一方面,将(3.1.6)中右边分子行列式 D_F 按第一列元素 $(0, (\lambda_1 \lambda - 1)^{-1}, \cdots, (\lambda_n \lambda - 1)^{-1})^T$ 展开,得到

$$\frac{D_F}{D} = \sum_{i=1}^{n} (\lambda_i \lambda - 1)^{-1} B(s, \lambda_i) \tag{3.1.8}$$

$$B(s, \lambda_i) = (-1)^i \phi \left(\frac{F(x, \lambda_1, \lambda_2, \cdots, \lambda_{i-1}, \lambda_{i+1} \cdots \lambda_n)}{F(\lambda_1, \lambda_2, \cdots, \lambda_{i-1}, \lambda_i, \lambda_{i+1}, \cdots, \lambda_n)} \right)$$

$$(3.1.9)$$

其中

$$F(\lambda_1, \lambda_2, \cdots, \lambda_{i-1}, \lambda_i, \lambda_{i+1}, \cdots, \lambda_n) = D,$$

$$F(x, \lambda_1, \lambda_2, \cdots, \lambda_{i-1}, \lambda_{i+1} \cdots \lambda_n)$$

$$= \begin{vmatrix} 1 & x & x^2 & \cdots & x^{n-2} & x^{n-1} \\ \vdots & \cdots & \cdots & \cdots & \cdots & \vdots \\ 1 & \lambda_{i-1} & \lambda_{i-1}^2 & \cdots & \lambda_{i-1}^{n-2} & \lambda_{i-1}^{n-1} \\ 1 & \lambda_{i+1} & \lambda_{i+1}^2 & \cdots & \lambda_{i+1}^{n-2} & \lambda_{i+1}^{n-1} \\ \vdots & \cdots & \cdots & \cdots & \cdots & \vdots \\ 1 & \lambda_n & \lambda_n^2 & \cdots & \lambda_n^{n-2} & \lambda_n^{n-1} \end{vmatrix}$$

$$(3.1.10)$$

首先对(3.1.9)的分子与分母分别按照范德蒙行列式展开,约去公共因子,再作用泛函,易推出

$$B(s, \lambda_i) = -A(s, \lambda_i)$$

综合(3.1.3),(3.1.7)和(3.1.8),推论 3.1.2 得证.

按照同样的方法可证明如下的推论 3.1.3.

推论 3.1.3 设 $f(s, \lambda)$ 函数值 Padé-型逼近的生成多项式为 $v_n(\lambda)$, 则有

$$(m/n)_f(s, \lambda) = \sum_{i=0}^{m-n} y_i(s)\lambda^i + \frac{\lambda^{m-n+1}}{\prod_{1 \leqslant i < j \leqslant n} (\lambda_i - \lambda_j)}$$

$$\begin{vmatrix} 0 & y_{m-n+1}(s) & \cdots & y_{m-1}(s) & y_m(s) \\ (\lambda_1\lambda-1)^{-1} & 1 & \cdots & \lambda_1^{n-2} & \lambda_1^{n-1} \\ \vdots & \vdots & \cdots & \cdots & \vdots \\ (\lambda_n\lambda-1)^{-1} & 1 & \cdots & \lambda_n^{n-2} & \lambda_n^{n-1} \end{vmatrix}$$

$$(3.1.11)$$

例 3.1.4 考虑下列第二类 Fredholm 积分方程

$$y(s) = \cos(s) + \lambda \int_0^{2\pi} \sin(s+t) y(t) \mathrm{d}t \qquad (3.1.12)$$

其中它的积分核为 $K(s, t) = \sin(s+t)$，其准确解是 $y(s) = \dfrac{\cos(s) + \lambda\pi \sin(s)}{1 - \pi^2 \lambda^2}$。

解： 方程解的幂级数展开式是

$$y(s) = f(s, \lambda)$$

$$= \cos(s) + \lambda\pi \sin(s) + \pi^2 \lambda^2 \cos(s) +$$

$$\pi^3 \lambda^3 \sin(s) + \pi^4 \lambda^4 \cos(s) + \pi^5 \lambda^5 \sin(s) + \cdots \qquad (3.1.13)$$

取 $v_2(\lambda) = \lambda^2 - \pi^2$，$\lambda_1 = \pi$，$\lambda_2 = -\pi$，则 $\tilde{v}_2(\lambda) = 1 - \pi^2 \lambda^2$。
根据拟范德蒙型行列式(3.1.6)，得

$$(0/1)_f(s, \lambda) = \begin{vmatrix} 0 & \cos(s) \\ (\pi\lambda - 1)^{-1} & 1 \end{vmatrix} = \frac{\cos s}{1 - \pi\lambda}.$$

$$(1/2)_f(s, \lambda) = -\frac{1}{2\pi} \begin{vmatrix} 0 & \cos(s) & \pi \sin(s) \\ (\pi\lambda - 1)^{-1} & 1 & \pi \\ (-\pi\lambda - 1)^{-1} & 1 & -\pi \end{vmatrix}$$

$$= (\cos s + \lambda\pi \sin s)/(1 - \pi^2 \lambda^2).$$

再根据拟范德蒙型行列式(3.1.11)，得

$$(2/2)_f(s, \lambda) = \cos s - \frac{\lambda}{2\pi} \begin{vmatrix} 0 & \pi \sin(s) & \pi^2 \cos(s) \\ (\pi\lambda - 1)^{-1} & 1 & \pi \\ (-\pi\lambda - 1)^{-1} & 1 & -\pi \end{vmatrix}$$

$$= (\cos(s) + \lambda\pi \sin(s))/(1 - \pi^2 \lambda^2).$$

通过例子发现，用等式(3.1.6)与(3.1.11)算出的逼近解

$(1/2)_f(s, \lambda)$，$(2/2)_f(s, \lambda)$ 与真实解完全相等.

§3.2 函数值 Padé -型逼近的恒等式与递推算法

本节建立了函数值 Padé -型逼近的几个有用的恒等式，给出了一种递推算法，并通过求解积分方程的实例说明了该方法的有效性.

3.2.1 函数值 Padé -型逼近的恒等式

函数值 Padé -型逼近虽然可以像广义逆函数值 Padé 逼近那样具有 Padé -型表，但这两种表却有着极大的差别. 在广义逆函数值 Padé 表中它的元素之间有密切的联系，例如有 Wynn 恒等式[16]. 而函数值 Padé -型逼近的分母可根据所知道的信息来选取分母，因而Padé -型逼近表元素之间的联系是多种多样的. 下面我们就给出一种生成多项式的几个递推公式.

给定无穷序列 λ_1，λ_2，$\cdots$，令

$$v_n(\lambda) = \prod_{k=1}^{n}(\lambda - \lambda_k) = \sum_{k=0}^{n}b_k^{(n)}\lambda^k, \ v_0(\lambda) = 1 \qquad (3.2.1)$$

则

$$\tilde{v}_n(\lambda) = \lambda^n v_n(\lambda^{-1}) = \prod_{k=1}^{n}(1 - \lambda_k\lambda) = \sum_{k=0}^{n}b_k^{(n)}\lambda^{n-k} \qquad (3.2.2)$$

恒等式 I：

$$(m+k/n)_f(s, \lambda) - (m/n)_f(s, \lambda)$$

$$= \frac{\lambda^{m+1}}{\tilde{v}_n(\lambda)}\phi^{(m-n+1)}\left(\left(\sum_{i=0}^{k-1}(x\lambda)^i\right)v_n(x)\right) \qquad (3.2.3)$$

证明：由幂级数 $f(s, \lambda)$ 的以 $\tilde{v}_n(\lambda)$ 为生成多项式的 Padé -型逼近的误差公式(2.4.3)：

$$f(s, \lambda) - (m/n)_f(s, \lambda) = \frac{\lambda^{m+1}}{\widetilde{v}_n(\lambda)} \phi^{(m-n+1)} \left(\frac{v_n(x)}{1-x\lambda} \right) \quad (3.2.4)$$

将(3.2.4)中的 m 换成 $m+1$, 得

$$f(s, \lambda) - (m+1/n)_f(s, \lambda)$$

$$= \frac{\lambda^{m+2}}{\widetilde{v}_n(\lambda)} \phi^{(m-n+2)} (v_n(x)/1-x\lambda)$$

$$= \frac{\lambda^{m+1}}{\widetilde{v}_n(\lambda)} \phi^{(m-n+1)} (x\lambda v_n(x)/1-x\lambda) \quad (3.2.5)$$

由 (3.2.5)减去(3.2.4), 得

$$(m+1/n)_f(s, \lambda) - (m/n)_f(s, \lambda)$$

$$= \frac{\lambda^{m+1}}{\widetilde{v}_n(\lambda)} \phi^{(m-n+1)} \left(\frac{v_n(x)}{1-x\lambda} - \frac{x\lambda v_n(x)}{1-x\lambda} \right)$$

$$= \frac{\lambda^{m+1}}{\widetilde{v}_n(\lambda)} \phi^{(m-n+1)} (v_n(x))$$

$$= \frac{\lambda^{m+1}}{\widetilde{v}_n(\lambda)} b_0^n y_{m-n+1}(s) +$$

$$b_1^n y_{m-n+2}(s) + \cdots + b_n^n y_{m+1}(s) \quad (3.2.6)$$

将上式中的 m 取为 $m+1$, 得

$$(m+2/n)_f(s, \lambda) - (m+1/n)_f(s, \lambda)$$

$$= \frac{\lambda^{m+2}}{\widetilde{v}_n(\lambda)} \phi_n^{(m-n+2)} (x)$$

$$= \frac{\lambda^{m+1}}{\widetilde{v}_n(\lambda)} \phi^{(m-n+1)} (x\lambda v_n(x)) \quad (3.2.7)$$

将(3.2.6), (3.2.7)相加, 得

$$(m+2/n)_f(s, \lambda) - (m/n)_f(s, \lambda) = \frac{\lambda^{m+1}}{\widetilde{v}_n(\lambda)} \phi^{(m-n+1)}((1+x\lambda)v_n(x)).$$

如此类推就能得到恒等式 I.

恒等式 II:

$$(m/n+1)_f(s, \lambda) - (m/n)_f(s, \lambda) = \frac{\lambda_{n+1}\lambda^{m+1}}{\widetilde{v}_{n+1}(\lambda)} \phi^{(m-n)}(v_n(x)).$$

证明: 由误差公式(2.4.3),得

$$f(s, \lambda) - (m/n)_f(s, \lambda)$$

$$= \frac{\lambda^{m+1}}{\widetilde{v}_n(\lambda)} \phi^{(m-n+1)}(v_n(x)/1-x\lambda)$$

$$= \frac{\lambda^{m+1}}{\widetilde{v}_n(\lambda)} \phi^{(m-n)}(xv_n(x)/1-x\lambda) \qquad (3.2.8)$$

将上式中 n 换为 $n+1$,

$$f(s, \lambda) - (m/n+1)_f(s, \lambda) = \frac{\lambda^{m+1}}{\widetilde{v}_{n+1}(\lambda)} \phi^{(m-n)}\left(\frac{v_{n+1}(x)}{1-x\lambda}\right)$$
$$(3.2.9)$$

将上述两式相减,得

$$(m/n+1)_f(s, \lambda) - (m/n)_f(s, \lambda)$$

$$= \lambda^{m+1}\phi^{(m-n)}\left(\frac{xv_n(x)}{\widetilde{v}_n(\lambda)(1-x\lambda)} - \frac{v_{n+1}(x)}{\widetilde{v}_{n+1}(\lambda)(1-x\lambda)}\right)$$

$$= \frac{\lambda_{n+1}\lambda^{m+1}}{\widetilde{v}_{n+1}(\lambda)} \phi^{(m-n)}(v_n(x)) \qquad (3.2.10)$$

恒等式(II)证毕.

恒等式Ⅲ:

$$(1-\lambda\lambda_{n+1})(m+1/n+1)_f(s, \lambda)$$
$$= (m+1/n)_f(s, \lambda) - \lambda\lambda_{n+1}(m/n)_f(s, \lambda)$$

证明: 将(3.2.6)式改写为

$$(m+1/n)_f(s, \lambda) - (m/n)_f(s, \lambda) = \frac{\lambda^{m+1}}{\tilde{v}_n(\lambda)}\phi^{(m-n)}(xv_n(x))$$

$$(3.2.11)$$

将(3.2.10)与(3.2.11)比较, 得

$$(m+1/n)_f(s, \lambda) - (m/n+1)_f(s, \lambda)$$

$$= \frac{\lambda^{m+1}}{\tilde{v}_{n+1}(\lambda)}\phi^{(m-n)}((x-x\lambda_{n+1}\lambda-\lambda_{n+1})v_n(x)) \quad (3.2.12)$$

将误差公式(2.4.3)中的 m 换为 $m+1, n$ 换为 $n+1$,

$$f(s, \lambda) - (m+1/n+1)_f(s, \lambda) = \frac{\lambda^{m+2}}{\tilde{v}_{n+1}(\lambda)}\phi^{(m-n+1)}\left(\frac{v_{n+1}(x)}{1-x\lambda}\right)$$

$$(3.2.13)$$

则

$$(m+1/n+1)_f(s, \lambda) - (m/n)_f(s, \lambda)$$

$$= \lambda^{m+1}\phi^{(m-n+1)}\left(\frac{v_n(x)}{\tilde{v}_n(\lambda)(1-x\lambda)} - \frac{\lambda v_{n+1}(x)}{\tilde{v}_{n+1}(\lambda)(1-x\lambda)}\right)$$

$$= \lambda^{m+1}\phi^{(m-n+1)}\left(\frac{v_n(x)(1-\lambda\lambda_{n+1}) - \lambda(x-\lambda_{n+1})}{\tilde{v}_{n+1}(\lambda)(1-x\lambda)}\right)$$

$$= \frac{\lambda^{m+1}}{\tilde{v}_{n+1}(\lambda)\phi^{(m-n+1)}}(v_n(x)) \quad (3.2.14)$$

将 (3.2.14)两端乘以$(1-\lambda\lambda_{n+1})$,然后再与(3.2.6)相减,得

$$(1 - \lambda \lambda'_{n+1})[(m+1/n+1)_f(s, \lambda) - (m/n)_f(s, \lambda)]$$

$$= (m+1/n)_f(s, \lambda) - (m/n)_f(s, \lambda)$$

整理上式,即得恒等式Ⅲ.

3.2.2　函数值 Padé-型逼近的递推算法

设 $f(s, \lambda)$ 以 $\tilde{v}_n(\lambda)$ 为分母的函数值 Padé 型逼近是 $(m/n)_f(s, \lambda)$,则其分子多项式为 $\tilde{v}_n(\lambda)f(s, \lambda)$ 关于 λ 的幂级数前 $m+1$ 项之和.

事实上,

$$\tilde{v}_n(\lambda)f(s, \lambda) = y_0(s) + y_1(s)\lambda + y_2(s)\lambda^2 + \cdots + y_m(s)\lambda^m + O(\lambda^{m+1}).$$

将两边同除以 $\tilde{v}_n(\lambda)$,得

$$\sum_{i=0}^{m} y_i(s)\lambda^i / \tilde{v}_n(\lambda) - f(s, \lambda) = O(\lambda^{m+1}).$$

对于给定的生成多项式 $v_n(\lambda)$,首先将 $\tilde{v}_n(\lambda)f(s, \lambda)$ 展开成关于 λ 的幂级数,并设其前 $m+1$ 项之和为 $\sum_{k=0}^{m} y_k(s)\lambda^k$,由推论知,$f(s, \lambda)$ 的以 $v_n(\lambda)$ 为生成多项式 (m, n) 阶 Padé-型逼近即为

$$(m/n)_f(s, \lambda) = \sum_{k=0}^{m} y_k(s)\lambda^k / \tilde{v}_n(\lambda).$$

显然

$$(m/0)_f(s, \lambda) = \sum_{k=0}^{m} y_k(s)\lambda^k.$$

又按函数值 Padé-型逼近的定义有

$$(0/n)_f(s, \lambda) = y_0(s) \bigg/ \prod_{k=0}^{n} (1 - \lambda_k\lambda).$$

于是,由初始值及上面所讨论的恒等式即可递推出任意阶函数值 Padé-型逼近,其计算格式如下:

$$(0/0)_f \to (1/0)_f \to (2/0)_f \to (3/0)_f$$
$$\downarrow \qquad \downarrow \qquad \downarrow \qquad \downarrow$$
$$(0/1)_f \to (1/1)_f \to (2/1)_f \to (3/1)_f$$
$$\downarrow \qquad \downarrow \qquad \downarrow \qquad \downarrow$$
$$(0/2)_f \to (1/2)_f \to (2/2)_f \to (3/2)_f.$$

例 3.2.1 考虑下列第二类 Fredholm 积分方程

$$y(s) = \cos s + \lambda \int_0^{2\pi} \sin(s+t)y(t)\mathrm{d}t \qquad (3.2.15)$$

其中它的积分核为 $K(s,t) = \sin(s+t)$，其准确解是 $y(s) = \dfrac{\cos s + \lambda \pi \sin s}{1 - \pi^2 \lambda^2}$.

解： 它的幂级数展开式是

$$y(s) = f(s, \lambda) = \cos(s) + \lambda \pi \sin s + \pi^2 \lambda^2 \cos s +$$
$$\pi^3 \lambda^3 \sin s + \pi^4 \lambda^4 \cos s + \pi^5 \lambda^5 \sin s + \cdots,$$

取 $v_2(\lambda) = \lambda^2 - \pi^2$，$\lambda_1 = \pi$，$\lambda_2 = -\pi$，则 $\tilde{v}_2(\lambda) = 1 - \pi^2 \lambda^2$.
易知

$$(0/0)_f(s, \lambda) = \cos s, \quad (1/0)_f(s, \lambda) = \cos s + \lambda \pi \sin s,$$

$$(2/0)_f(s, \lambda) = \cos s + \lambda \pi \sin s + \lambda^2 \pi^2 \cos s,$$

$$(0/1)_f(s, \lambda) = \frac{\cos s}{1 - \pi \lambda}, \quad (0/2)_f(s, \lambda) = \frac{\cos s}{1 - \pi^2 \lambda^2}.$$

根据恒等式及计算格式不难得出

$$(1/1)_f(s, \lambda) = (\cos s + \pi \lambda \sin s - \lambda \pi \cos s)/(1 - \pi \lambda),$$

$$(2/1)_f(s, \lambda) = (\cos s + \pi \lambda(\sin s - \cos s) +$$
$$\lambda^2 \pi^2 (\cos s - \sin s))/(1 - \pi \lambda)$$

$$(2/2)_f(s, \lambda) = (\cos s + \lambda \pi \sin s)/(1 - \pi^2 \lambda^2).$$

显然 $(2/2)_f(s, \lambda)$ 与准确解 $y(s)$ 完全相等.

§3.3　用 Fredholm-Padé-型混合逼近方法求解积分方程

前两节,为了求积分方程的解,都是预先取定生成多项式. 但生成多项式如何选取是至关重要的,因为这关系到函数值 Padé-型逼近的方法对求积分方程的解逼近的程度. 本节首次采用的是一种新的 Fredholm-Padé-型混合方法求积分方程精确解或逼近解.

它的特点是：在已知积分方程核的 Fredholm 行列式的条件下,可以用函数值 Padé-型逼近的方法得到方程的近似解或精确解.

设 $K(s, t)$ 和 $y(s)$ 分别是正方形 $a \leqslant s, t \leqslant b$ 和区间 $[a, b]$ 上的连续函数. 设第二类 Fredholm 积分方程为

$$x(s) = y(s) + \lambda \int_a^b K(s, t)x(t)\mathrm{d}t, \quad a \leqslant s, t \leqslant b \quad (3.3.1)$$

假定方程(3.3.1)的解 $x(s)$ 可以展开为一个具有函数值系数的幂级数：

$$x(s) = f(s, \lambda)$$
$$= y_0(s) + y_1(s)\lambda + y_2(s)\lambda^2 + \cdots + y_n(s)\lambda^n + \cdots \quad (3.3.2)$$

其中

$$y_0(s) = y(s),$$
$$y_i(s) = \int_a^b K^i(s, t)y(t)\mathrm{d}t, \quad i \geqslant 1 \quad (3.3.3)$$

公式(3.3.3)中的 $K^i(s, t)$ 称为第 i 阶迭核. 例如,

$$K^2(s, t) = \int_t^s K(s, u)K(u, t)\mathrm{d}u,$$

$$K^3(s,\,t) = \int_t^s K(s,\,u)K^2(u,\,t)\mathrm{d}u,\,\cdots.$$

我们的问题是要求出方程(3.3.1)的近似解或精确解.

3.3.1 Fredholm 行列式和 Fredholm 积分方程的豫解核

设 $K(s,\,t)$ 是一连续核,引入符号

$$K\begin{pmatrix} u_1, & u_2, & \cdots, & u_n \\ v_1, & v_2, & \cdots, & v_n \end{pmatrix} = \begin{vmatrix} K(u_1,\,v_1) & K(u_1,\,v_2) & \cdots & K(u_1,\,v_n) \\ K(u_2,\,v_1) & K(u_2,\,v_2) & \cdots & K(u_2,\,v_n) \\ \vdots & \vdots & \ddots & \vdots \\ K(u_n,\,v_1) & K(u_n,\,v_2) & \cdots & K(u_n,\,v_n) \end{vmatrix},$$

于是积分方程(3.3.1)豫解核的分母多项式 $d(\lambda)$ 可写成

$$d(\lambda) = \sum_{n=0}^{\infty} d_n \lambda^n \qquad (3.3.4)$$

其中

$$d_0 = 1,$$

$$d_n = \frac{(-1)^n}{n!} \int_a^b \int_a^b \cdots \int_a^b K\begin{pmatrix} u_1, & u_2, & \cdots, & u_n \\ u_1, & u_2, & \cdots, & u_n \end{pmatrix} \mathrm{d}u_1 \mathrm{d}u_2 \cdots \mathrm{d}u_n, \quad n \geqslant 1.$$

而连续核 $D_\lambda(s,\,t)$ 则可写成

$$D_\lambda(s,\,t) = \sum_{n=0}^{\infty} D_n(s,\,t)\lambda^n \qquad (3.3.5)$$

其中

$$D_0(s,\,t) = K(s,\,t),$$

$$D_n(s,\,t) = \frac{(-1)^n}{n!} \int_a^b \int_a^b \cdots \int_a^b K\begin{pmatrix} s, & u_1, & u_2, & \cdots, & u_n \\ t, & u_1, & u_2, & \cdots, & u_n \end{pmatrix}$$

$$\mathrm{d}u_1 \mathrm{d}u_2 \cdots \mathrm{d}u_n, \quad n \geqslant 1.$$

公式(3.3.4)中的函数 $d(\lambda)$ 称为核 $K(s, t)$ 的 Fredholm 行列式，公式(3.3.5)中的函数 $D_\lambda(s, t)$ 称为核 $K(s, t)$ 的第一阶 Fredholm 子式. 因为 $d_0 = 1$，故 $d(\lambda)$ 不恒等于零.

定理 3.3.1[2] 设 $K(s, t)$ 是一连续核，$d(\lambda)$ 和 $D_\lambda(s, t)$ 分别是积分方程(3.3.1)的 Fredholm 行列式和第一阶 Fredholm 子式. 如果 $d(\lambda) \neq 0$，则 λ 是 $K(s, t)$ 的正则值，而像解核

$$H_\lambda(s, t) = \frac{D_\lambda(s, t)}{d(\lambda)} \tag{3.3.6}$$

定理 3.3.2[2] 设 $K(s, t)$ 是一连续核，$y(s)$ 是一连续函数，$d(\lambda)$ 和 $D_\lambda(s, t)$ 分别是积分方程(3.3.1)的 Fredholm 行列式和第一阶 Fredholm 子式. 如果 λ 不是 $d(\lambda)$ 的零点，则积分方程

$$x(s) = y(s) + \lambda \int_a^b K(s, t)x(t)\mathrm{d}t,$$

有唯一的连续解

$$x(s) = y(s) + \frac{\lambda}{d(\lambda)} \int_a^b D_\lambda(s, t)x(t)\mathrm{d}t \tag{3.3.7}$$

注意到方程(3.3.1)的解 $x(s)$ 也可以利用公式(3.3.7)展开为具有函数值系数的幂级数(3.3.2).

3.3.2 Fredholm-Padé-型混合逼近方法

下面给出用 Fredholm-Padé-型混合逼近方法求第二类 Fredholm 积分方程的近似解或精确解的步骤.

第一步：利用依次计算第 i 阶迭核 $K^i(s, t)$ 的公式(3.3.3)，或利用豫解核公式(3.3.7)，将方程(3.3.2)的解 $x(s)$ 展开为一个具有函数值系数的幂级数(3.3.2)

$$x(s) = f(s, \lambda) = y_0(s) + y_1(s)\lambda + y_2(s)\lambda^2 + \cdots + y_n(s)\lambda^n + \cdots.$$

第二步: 利用公式(3.3.4)求出积分方程(3.3.1)豫解核的 Fredholm 行列式 $d(\lambda)$, 或 $d(\lambda)$ 的近似公式(也可称为简化公式)

$$\hat{d}(\lambda) = \sum_{k=0}^{n} d_k \lambda^k,$$

其中 $d_0 = 1$,

$$d_k = \frac{(-1)^k}{k!} \int_a^b \int_a^b \cdots \int_a^b K \begin{pmatrix} u_1, & u_2, & \cdots, & u_k \\ u_1, & u_2, & \cdots, & u_k \end{pmatrix} du_1 du_2 \cdots du_k, \quad k \geqslant 1.$$

第三步: 令 $d(\lambda) = \tilde{v}(\lambda)$, 或令 $\hat{d}(\lambda) = \tilde{v}(\lambda)$. 用函数值 Padé-型逼近的构造公式求出 $(n-1/n)_f(s, \lambda)$ 或 $(m/n)_f(s, \lambda)$.

第四步: 将 $(n-1/n)_f(s, \lambda)$ 或 $(m/n)_f(s, \lambda)$ 作为积分方程(3.3.1)的解 $x(s)$ 的近似解或精确解.

例 3.3.3 考虑下列第二类 Fredholm 积分方程

$$x(s) = f(s, \lambda) = \frac{s}{6} + \lambda \int_0^1 (2s - t) x(t) dt \qquad (3.3.8)$$

它的连续核 $K(s, t) = 2s - t, 0 \leqslant s, t \leqslant 1$.

方程(3.3.8)的精确解是

$$x(s) = \frac{1}{6} \left[s + \frac{(6s - 2)\lambda - \lambda^2 s}{\lambda^2 - 3\lambda + 6} \right] \qquad (3.3.9)$$

下面用本文的方法求出方程(3.3.8)的精确解或近似解.

第一步: 利用依次计算 i 阶迭核 $K^i(s, t)$ 的公式(3.3.3), 将方程(3.3.8)的解 $x(s)$ 展开为一个具有函数值系数的幂级数

$$x(s) = f(s, \lambda) = \frac{s}{6} + \left(\frac{s}{6} - \frac{1}{18} \right)\lambda + \left(\frac{s}{18} - \frac{1}{36} \right)\lambda^2 + \cdots,$$

其中

$$y_0(s) = \frac{s}{6},$$

$$y_1(s) = \int_0^1 K(s,\ t)\ \frac{t}{6}\ \mathrm{d}t = \frac{s}{6} - \frac{1}{18},$$

$$y_2(s) = \int_0^1 K^2(s,\ t)\ \frac{t}{6}\ \mathrm{d}t = \frac{s}{18} - \frac{1}{36}, \cdots.$$

第二步：利用公式(3.3.4)求出方程(3.3.8)豫解核的 Fredholm 行列式 $d(\lambda)$ 的近似公式

$$\hat{d}(\lambda) = d_0 + d_1\lambda + d_2\lambda^2 = 1 - \frac{1}{2}\lambda + \frac{1}{6}\lambda^2,$$

其中

$$d_0 = 1,$$

$$d_1 = -\int_0^1 K(u_1,\ u_1)du_1 = -\frac{1}{2},$$

$$d_2 = \frac{1}{2!}\int_0^1\int_0^1 \begin{vmatrix} K(u_1,\ u_1) & K(u_1,\ u_2) \\ K(u_2,\ u_1) & K(u_2,\ u_2) \end{vmatrix} du_1 du_2 = \frac{1}{6}.$$

第三步：令 $\tilde{v}(\lambda) = 6\,\hat{d}(\lambda) = \lambda^2 - 3\lambda + 6$，那么，用构造公式(2.1.9)—(2.1.12)，得到

$$v(\lambda) = 6\lambda^2 - 3\lambda + 1,$$

$$W(s,\ \lambda) = \phi\left(\frac{v(x) - v(\lambda)}{x - \lambda}\right) = 6y_0(s)\lambda + 6y_1(s) - 3y_0(s),$$

$$\widetilde{W}(s,\ \lambda) = [6y_1(s) - 3y_0(s)]\lambda + 6y_0(s),$$

$$R_{1,2}(s,\ \lambda) = \frac{\widetilde{W}(s,\ \lambda)}{\tilde{v}(\lambda)} = \frac{[6y_1(s) - 3y_0(s)]\lambda + 6y_0(s)}{\lambda^2 - 3\lambda + 6}$$

$$= \frac{(s/2 - 1/3)\lambda + s}{\lambda^2 - 3\lambda + 6}.$$

第四步：事实上，$R_{1,2}(s, \lambda)$ 已经是方程(3.3.8)的精确解
(3.3.9)了，

$$R_{1,2}(s, \lambda) = \frac{(s/2 - 1/3)\lambda + s}{\lambda^2 - 3\lambda + 6} = x(s).$$

例 3.3.4 [80, 93, 113] 考虑下列具有已知解的 Fredholm 积分方程

$$\phi(x) = 1 + \lambda \int_0^1 \left[\{1 + |x - y|\} \phi(y) \right] \mathrm{d}y,$$

它能够利用 Baker 的方法化为二阶常微分方程进行求解. 上述方程的解是

$$\phi(x) = \frac{2\cosh\nu(x - 1/2)}{2\cosh(1/2)\nu - 3\nu \sinh(1/2)\nu} \tag{3.3.10}$$

它的奇异值是 $\nu = (2\lambda)^{1/2}$. 上述方程的 Neumann 级数的前几项是

$$f(s, \lambda) = 1 + \left[\frac{5}{4} + \left(x - \frac{1}{2}\right)^2 \right]\lambda + \left[\frac{161}{96} + \frac{5}{4}\left(x - \frac{1}{2}\right)^2 + \right.$$

$$\frac{1}{6}\left(x - \frac{1}{2}\right)^4 \right]\lambda^2 + \left[\frac{12\,917}{5\,760} + \frac{322}{192}\left(x - \frac{1}{2}\right)^2 + \right.$$

$$\left. \frac{5}{24}\left(x - \frac{1}{2}\right)^4 + \frac{1}{90}\left(x - \frac{1}{2}\right)^6 \right]\lambda^3 + \cdots.$$

由 Fredholm 积分方程的分母行列式公式得

$$d(\lambda) = 1 - \lambda - \frac{5}{12}\lambda^2 - \frac{2}{45}\lambda^3 - \frac{11}{5\,040}\lambda^4 + \cdots.$$

计算结果见图(a),(b),(c).

第一种情况：生成多项式取为一次多项式的 FPTA.

$$(1/1)_f(s, \lambda) = \frac{1 + a_1(x)\lambda}{1 - \lambda},$$

$$(2/1)_f(s, \lambda) = \frac{1 + a_1(x)\lambda + a_2(x)\lambda^2}{1 - \lambda}$$

$$(3/1)_f(s, \lambda) = \frac{1 + a_1(x)\lambda + a_2(x)\lambda^2 + a_3(x)\lambda^3}{1 - \lambda},$$

其中

$$a_1(x) = \left[\frac{1}{4} + \left(x - \frac{1}{2}\right)^2\right],$$

$$a_2(x) = \left[\frac{41}{96} + \frac{1}{4}\left(x - \frac{1}{2}\right)^2 + \frac{1}{6}\left(x - \frac{1}{2}\right)^4\right],$$

$$a_3(x) = \left[\frac{3\,257}{5\,760} + \frac{41}{96}\left(x - \frac{1}{2}\right)^2 + \frac{1}{24}\left(x - \frac{1}{2}\right)^4 + \frac{1}{90}\left(x - \frac{1}{2}\right)^6\right].$$

第二种情况：生成多项式取为二次多项式的 FPTA.

$$(1/2)_f(s, \lambda) = \frac{1 + b_1(x)\lambda}{1 - \lambda - \frac{5}{12}\lambda^2}$$

$$(2/2)_f(s, \lambda) = \frac{1 + b_1(x)\lambda + b_2(x)\lambda^2}{1 - \lambda - \frac{5}{12}\lambda^2},$$

$$(3/2)_f(s, \lambda) = \frac{1 + b_1(x)\lambda + b_2(x)\lambda^2 + b_3(x)\lambda^3}{1 - \lambda - \frac{5}{12}\lambda^2},$$

其中

$$b_1(x) = \left[\frac{1}{4} + \left(x - \frac{1}{2}\right)^2\right],$$

$$b_2(x) = \left[\frac{1}{96} + \frac{1}{4}\left(x - \frac{1}{2}\right)^2 + \frac{1}{6}\left(x - \frac{1}{2}\right)^4\right],$$

$$b_3(x) = \left[\frac{257}{5\,760} + \frac{1}{96}\left(x - \frac{1}{2}\right)^2 + \frac{1}{24}\left(x - \frac{1}{2}\right)^4 + \frac{1}{90}\left(x - \frac{1}{2}\right)^6\right].$$

第三种情况：生成多项式取为三次多项式的 FPTA.

$$(1/3)_f(s, \lambda) = \frac{1 + c_1(x)\lambda}{1 - \lambda - \dfrac{5}{12}\lambda^2 - \dfrac{2}{45}\lambda^3},$$

$$(2/2)_f(s, \lambda) = \frac{1 + c_1(x)\lambda + c_2(x)\lambda^2}{1 - \lambda - \dfrac{5}{12}\lambda^2 - \dfrac{2}{45}\lambda^3},$$

$$(3/2)_f(s, \lambda) = \frac{1 + c_1(x)\lambda + c_2(x)\lambda^2 + c_3(x)\lambda^3}{1 - \lambda - \dfrac{5}{12}\lambda^2 - \dfrac{2}{45}\lambda^3},$$

其中

$$c_1(x) = \left[\frac{1}{4} + \left(x - \frac{1}{2}\right)^2\right],$$

$$c_2(x) = \left[\frac{1}{96} + \frac{1}{4}\left(x - \frac{1}{2}\right)^2 + \frac{1}{6}\left(x - \frac{1}{2}\right)^4\right],$$

$$c_3(x) = \left[\frac{1}{5\,760} + \frac{1}{96}\left(x - \frac{1}{2}\right)^2 + \frac{1}{24}\left(x - \frac{1}{2}\right)^4 + \frac{1}{90}\left(x - \frac{1}{2}\right)^6\right].$$

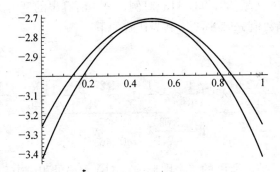

图(a)：excat solution and Fredholm-pade-type（1/3）_f(x, 1)

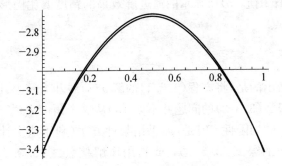

图(b)：excat solution and Fredholm-pade-type（2/3）_f(x, 1)

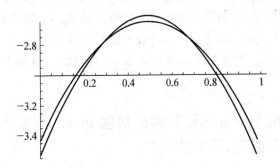

图(c)：excat solution and GIPA［80］,［11］(2/2)_f(x, 1)

注解 1: 文献[80，93，113]对例 3.3.4 所算出的型为 $[2/2]_f(s,$
$\lambda)$广义逆函数值 Padé 逼近，其表达式如下：

$$[2/2]_f(s,\lambda) =$$

$$\frac{1+\left(x^2-x-\dfrac{5\,279}{4\,494}\right)\lambda+\left(\dfrac{1}{6}x^4-\dfrac{1}{3}x^3-\dfrac{5\,279}{4\,494}x^2-\dfrac{1\,507}{40\,446}x-\dfrac{9\,041}{40\,446}\right)\lambda^2}{1-\dfrac{18\,030}{6\,741}\lambda+\dfrac{72\,337}{40\,446}\lambda^2}.$$

注解 2: 前面所画的三个图形(a)，(b)，(c)的积分方程近似解的
曲线和准确解的曲线所取的 λ 都等于 1，且 $0\leqslant x \leqslant 1$.

注解 3: 图形(b)所显示的逼近解效果的精度要比图形(a)、图形
(c)要高一点.

3.3.3 结束语

需要指出的是，将方程(3.3.1)的解 $x(s)$ 展开为一个具有函数值
系数的幂级数(3.3.2)的问题并不简单，从这个角度来说，该文的方
法具有一定的局限性. 但是，如果用某种方法(利用依次计算 i 阶迭
核 $K^i(s,t)$ 的公式(3.3.3)，或利用豫解核公式(3.3.7))将方程
(3.3.1)的解 $x(s)$ 展开为一个具有函数值系数的幂级数(3.3.2)，且
已知积分方程核的某个低阶 Fredholm 行列式，本节所提出的
Fredholm-Padé-型逼近方法是有实际应用价值的. 如果无法求出积
分方程核的 Fredholm 行列式，是否可以利用幂级数(3.3.2)的信息，
用函数值 Padé-型逼近方法求出方程(3.3.1)的近似解或精确解，有
待进一步讨论.

§3.4 用于积分方程解的函数值 Padé-型逼近的正交
多项式、行列式公式

本节所给出的方法是在泛函形式误差公式的基础上提出的，而

此方法对积分方程逼近解的精确度有了很大的提高.

3.4.1 第一类型行列式公式

从误差公式(2.4.2),有

$$f(s, \lambda) - (n-1/n)_f(s, \lambda)$$

$$= \frac{\lambda^n}{\widetilde{v}(\lambda)} \phi\left(\frac{v(x)}{1-x\lambda}\right)$$

$$= \frac{\lambda^n}{\widetilde{v}(\lambda)} \{\phi(v) + \phi(xv)\lambda + \phi(x^2 v)\lambda^2 + \cdots\}$$

$$= \frac{\lambda^{2n}}{\widetilde{v}(\lambda)} \phi(x^n v(x)(1 + x\lambda + (x\lambda)^2 + \cdots))$$

$$= \frac{\lambda^{2n}}{\widetilde{v}(\lambda)} \phi\left(\frac{x^n v(x)}{1-x\lambda}\right) = O(\lambda^{2n}) \tag{3.4.1}$$

我们注意到,生成多项式 v 由 $n+1$ 个任意常数确定,但是,如果 v 用 λv 替换,$(n-1/n)_f(s, \lambda)$ 并不改变.故根据 $(n-1/n)_f(s, \lambda)$ 的构造方式可知,$(n-1/n)_f(s, \lambda)$ 实际上取决于 n 个任意常数. 为此假设

$$\phi(x^k v(x)) = 0, \quad k = 0, 1, \cdots, n-1 \tag{3.4.2}$$

定义 3.4.1 满足方程(3.4.2)的多项式 v 定义为关于线性泛函 ϕ 的正交多项式.由正交多项式 v 确定的 $(n-1/n)_f(s, \lambda)$ 称为给定幂级数(2.1.2)的函数值 Padé-型逼近.

在(3.4.1)中代入 $v(\lambda) = b_0 + b_1\lambda + \cdots + b_n\lambda^n$,并施加线性泛函 ϕ,分别得到

$$\begin{cases} \phi(v(x)) = b_0 y_0(s) + b_1 y_1(s) + \cdots + b_n y_n(s) = 0 \\ \phi(xv(x)) = b_0 y_1(s) + b_1 y_2(s) + \cdots + b_n y_{n+1}(s) = 0 \\ \cdots\cdots \\ \phi(x^{n-1}v(x)) = b_0 y_{n-1}(s) + b_1 y_n(s) + \cdots + b_n y_{2n-1}(s) = 0 \end{cases}$$

$$\tag{3.4.3}$$

利用方程组的矩阵表达式,(3.4.3)可写为

$$
\begin{bmatrix}
y_0(s) & y_1(s) & \cdots & y_{n-1} & y_n(s) \\
y_1(s) & y_2(s) & \cdots & y_n(s) & y_{n+1}(s) \\
\vdots & \vdots & \cdots & \cdots & \vdots \\
y_{n-1}(s) & y_n(s) & \cdots & y_{2n-2}(s) & y_{2n-1}(s)
\end{bmatrix}
\begin{bmatrix}
b_0 \\
b_1 \\
\vdots \\
b_{n-1} \\
b_n
\end{bmatrix}
= 0
$$

$$(3.4.4)$$

下面,为了简洁起见,统一记 $y_i(s)$ 为 y_i, $i = 0, 1, \cdots$. 将(3.4.4)的两边分别关于幂级数 $f(s, \lambda)$ 的系数 $y_0(s)$ 作内积,并与 $v(\lambda) = b_0 + b_1\lambda + \cdots + b_n\lambda^n$ 一起组成线性方程组,从而得到

$$
\begin{bmatrix}
(y_0, y_1) & (y_0, y_2) & \cdots & (y_0, y_{n+1}) \\
\vdots & \vdots & \cdots & \vdots \\
(y_0, y_{n-1}) & (y_0, y_n) & \cdots & (y_0, y_{2n-1}) \\
1 & \lambda & \cdots & \lambda^n
\end{bmatrix}
\begin{bmatrix}
b_0 \\
b_1 \\
\vdots \\
b_{n-1} \\
b_n
\end{bmatrix}
=
\begin{bmatrix}
0 \\
0 \\
\vdots \\
0 \\
v(\lambda)
\end{bmatrix}
$$

$$(3.4.5)$$

记

$$
h_n(c_0) =
\begin{bmatrix}
(y_0, y_0) & \cdots & (y_0, y_{n-1}) \\
\cdots & \cdots & \cdots \\
(y_0, y_{n-1}) & \cdots & (y_0, y_{2n-2})
\end{bmatrix}
\qquad (3.4.6)
$$

定理 3.4.2 设 $\det\{h_n(c_0)\} \neq 0$,则 $(n-1/n)_f(s, \lambda)$ 存在,且成立

$$(n-1/n)_f(s, \lambda) = p_{n-1, n}(s, \lambda)/q_{n-1, n}(\lambda) \qquad (3.4.7)$$

式中分母多项式和分子多项式分别表示为

$$q_{n-1,\,n}(\lambda) = \det \begin{bmatrix} (y_0,\ y_0) & (y_0,\ y_1) & \cdots & (y_0,\ y_n) \\ (y_0,\ y_1) & (y_0,\ y_2) & \cdots & (y_0,\ y_{n+1}) \\ \vdots & \vdots & \cdots & \vdots \\ (y_0,\ y_{n-1}) & (y_0,\ y_n) & \cdots & (y_0,\ y_{2n-1}) \\ \lambda^n & \lambda^{n-1} & \cdots & 1 \end{bmatrix}$$

$$(3.4.8)$$

$$p_{n-1,\,n}(s,\ \lambda) = \det \begin{bmatrix} (y_0,\ y_0) & (y_0,\ y_1) & \cdots & (y_0,\ y_n) \\ (y_0,\ y_1) & (y_0,\ y_2) & \cdots & (y_0,\ y_{n+1}) \\ \vdots & \vdots & \cdots & \vdots \\ (y_0,\ y_{n-1}) & (y_0,\ y_n) & \cdots & (y_0,\ y_{2n-1}) \\ 0 & y_0(s)\lambda^{n-1} & \cdots & \sum_{i=1}^{n-1} y_i(s)\lambda^i \end{bmatrix}$$

$$(3.4.9)$$

证明： 从方程组(3.4.9)用 Cramer 法则解出 $v(\lambda)$，它的行列式可以表示为

$$v(\lambda) = \det \begin{bmatrix} (y_0,\ y_0) & (y_0,\ y_1) & \cdots & (y_0,\ y_{n-1}) & (y_0,\ y_n) \\ (y_0,\ y_1) & (y_0,\ y_2) & \cdots & (y_0,\ y_n) & (y_0,\ y_{n+1}) \\ \vdots & \vdots & \cdots & \vdots & \vdots \\ (y_0,\ y_{n-1}) & (y_0,\ y_n) & \cdots & (y_0,\ y_{2n-2}) & (y_0,\ y_{2n-1}) \\ 1 & \lambda & \cdots & \lambda^{n-1} & \lambda^n \end{bmatrix}.$$

由此得到 $\widetilde{v}(\lambda) = \lambda^n v(\lambda^{-1})$，令 $q_{n-1,\,n}(\lambda) = \widetilde{v}(\lambda)$，即为(3.4.8).

根据 $(n-1/n)_f(s,\ \lambda)$ 的定义，并设 $p_{n-1,\,n}(s,\ \lambda) = p_0(s) + p_1(s)\lambda + \cdots + p_{n-1}(s)\lambda^{n-1}$. 展开 $\widetilde{v}(\lambda)f(s,\ \lambda) = q_{n-1,\,n}(\lambda)f(s,\ \lambda)$，推出

$$\tilde{v}(\lambda)f(s,\lambda) = q_{n-1,n}(\lambda)f(s,\lambda)$$

$$= (b_0\lambda^n + b_1\lambda^{n-1} + \cdots + b_n)(y_0 + y_1\lambda + y_2\lambda^2 + \cdots)$$

$$= y_0(s)b_n + (y_1(s)b_n + y_0(s)b_{n-1})\lambda + \cdots +$$

$$(b_n y_{n-1}(s) + b_{n-1}y_{n-2}(s) + \cdots + b_1 y_0(s))\lambda^{n-1} + O(\lambda^n)$$

$$= p_0(s) + p_1(s)\lambda + \cdots + p_{n-1}(s)\lambda^{n-1} + O(\lambda^n)$$

$$= \Big(\sum_{i=1}^{n-1} y_i(s)\lambda^i\Big)b_n + \Big(\sum_{i=1}^{n-1} y_{i-1}(s)\lambda^i\Big)b_{n-1} + \cdots +$$

$$(y_0(s)\lambda^{n-1})b_1 + O(\lambda^n)$$

$$(3.4.10)$$

比较 (3.4.10) 与 (3.4.5) 中关于 $b_0, b_1, \cdots, b_n$ 的系数，用解方程组 (3.4.5) 同样的方法解出 (3.4.10)，即得 (3.4.9).

因 $\det\{h_n(c_0)\} \neq 0$，即为 $q_{n-1,n}(0) = \tilde{v}(0) \neq 0$ 故 $q_{n-1,n}(\lambda) = \tilde{v}(\lambda)$ 存在，由 (3.4.10) 知 $p_{n-1,n}(s,\lambda)$ 亦存在. 从而，$(n-1/n)_f(s,\lambda) = p_{n-1,n}(s,\lambda)/q_{n-1,n}(\lambda)$ 存在且唯一.

例 3.4.3 设积分方程

$$x(s) = f(s,\lambda) = \sin(s) + \lambda\int_0^{\frac{\pi}{2}} \sin(s)\cos(t)x(t)\mathrm{d}t$$

$$(3.4.11)$$

求 $(0/1)_f(s,\lambda)$.

解： 函数 $f(s,\lambda)$ 幂级数展开式是

$$f(s,\lambda) = \sin(s)\Big(1 + \frac{\lambda}{2} + \frac{\lambda^2}{4} + \frac{\lambda^3}{8} + \cdots\Big)$$

根据行列式公式 (3.4.8)，(3.4.9)，得 (0/1) 型的函数值 Padé - 型

逼近为

$$(0/1)_f(s,\lambda) = \frac{p_{0,1}(s,\lambda)}{q_{0,1}(\lambda)} = \frac{2}{2-\lambda}\sin s, \qquad |\lambda| < 2,$$

其中

$$q_{0,1}(\lambda) = \begin{vmatrix} (y_0,\,y_0) & (y_0,\,y_1) \\ \lambda & 1 \end{vmatrix}$$

$$= \frac{\pi}{4} - \frac{\pi}{8}\lambda, \quad p_{0,1}(s,\lambda)$$

$$= \begin{vmatrix} (y_0,\,y_0) & (y_0,\,y_1) \\ 0 & y_0 \end{vmatrix} = \frac{\pi}{4}\sin s.$$

我们发现 $(0/1)_f(s,\lambda)$ 与准确解 $y(s) = \dfrac{2\sin s}{2-\lambda}$ 完全相等.

3.4.2 (m/n) 型函数值 Padé-型逼近的正交多项式和行列式公式

从泛函形式的误差公式(2.4.3),成立

$$f(s,\lambda) - (m/n)_f(s,\lambda)$$

$$= \frac{\lambda^{m+1}}{\widetilde{v}(\lambda)}\phi^{m-n+1}\left(\frac{v(x)}{1-xz}\right)$$

$$= \frac{\lambda^n}{\widetilde{v}(\lambda)}(\phi^{(m-n+1)}(v) + \phi^{(m-n+1)}(xv)\lambda +$$

$$\phi^{(m-n+1)}(x^2 v)\lambda^2 + \cdots) \tag{3.4.12}$$

同样,根据 $(m/n)_f(s,\lambda)$ 的构造方式可知, $(m/n)_f(s,\lambda)$ 实际上取决于 m 个任意常数. 为此假设

$$\phi^{(m-n+1)}(x^k v(x)) = 0, \quad k = 0,1,\cdots,n-1 \tag{3.4.13}$$

定义 3.4.4 满足方程(3.4.13)的多项式 v 定义为关于高阶广义线性泛函 $\phi^{(m-n+1)}$ 的正交多项式. 由正交多项式 v 确定的 $(m/n)_f(s, \lambda)$ 称为给定幂级数(2.1.2)的函数值 Padé-型逼近.

在(3.4.13)中代入 $v(\lambda) = b_0 + b_1\lambda + \cdots + b_n\lambda^n$，施加高阶线性泛函 $\phi^{(m-n+1)}$，并将得到的方程两边分别关于幂级数 $f(s, \lambda)$ 的系数 y_{m-n+1} 作内积，并与 $v(\lambda)$ 一起组成线性方程组，从而得到

$$
\begin{bmatrix}
(y_{m-n+1}, y_{m-n+1}) & (y_{m-n+1}, y_{m-n+2}) & \cdots & (y_{m-n+1}, y_{m+1}) \\
(y_{m-n+1}, y_{m-n+2}) & (y_{m-n+1}, y_{m-n+3}) & \cdots & (y_{m-n+1}, y_{m+2}) \\
\vdots & \vdots & \cdots & \vdots \\
(y_{m-n+1}, y_m) & (y_{m-n+1}, y_{m+1}) & \cdots & (y_{m-n+1}, y_{m+n}) \\
1 & \lambda & \cdots & \lambda^n
\end{bmatrix}
\begin{bmatrix}
b_0 \\ b_1 \\ \vdots \\ b_{n-1} \\ b_n
\end{bmatrix}
=
\begin{bmatrix}
0 \\ 0 \\ \vdots \\ 0 \\ v(\lambda)
\end{bmatrix}
$$

$$(3.4.14)$$

记

$$
h_n(c_{m-n+1}) =
\begin{bmatrix}
(y_{m-n+1}, y_{m-n+1}) & \cdots & (y_{m-n+1}, y_m) \\
\vdots & \cdots & \vdots \\
(y_{m-n+1}, y_m) & \cdots & (y_{m-n+1}, y_{m+n-1})
\end{bmatrix}.
$$

定理 3.4.5 设 $\det\{h_n(c_{m-n+1})\} \neq 0$，则 $(m/n)_f(s, \lambda)$ 存在，且成立

$$(m/n)_f(s, \lambda) = p_{m,n}(s, \lambda)/q_{m,n}(\lambda) \qquad (3.4.15)$$

式中分母多项式和分子多项式分别表示为

$$
q_{m,n}(\lambda) = \det
\begin{bmatrix}
(y_{m-n+1}, y_{m-n+1}) & (y_{m-n+1}, y_{m-n+2}) & \cdots & (y_{m-n+1}, y_{m+1}) \\
(y_{m-n+1}, y_{m-n+2}) & (y_{m-n+1}, y_{m-n+3}) & \cdots & (y_{m-n+1}, y_{m+2}) \\
\vdots & \vdots & \cdots & \vdots \\
(y_{m-n+1}, y_m) & (y_{m-n+1}, y_{m+1}) & \cdots & (y_{m-n+1}, y_{m+n}) \\
\lambda^n & \lambda^{n-1} & \cdots & 1
\end{bmatrix}
$$

$$(3.4.16)$$

$$p_{m,n}(s,\lambda) = \det \begin{bmatrix} (y_{m-n+1}, y_{m-n+1}) & (y_{m-n+1}, y_{m-n+2}) & \cdots & (y_{m-n+1}, y_{m+1}) \\ (y_{m-n+1}, y_{m-n+2}) & (y_{m-n+1}, y_{m-n+3}) & \cdots & (y_{m-n+1}, y_{m+2}) \\ \vdots & \vdots & \cdots & \vdots \\ (y_{m-n+1}, y_m) & (y_{m-n+1}, y_{m+1}) & \cdots & (y_{m-n+1}, y_{m+1}) \\ \sum_{i=n}^{m} y_{i-n}(s)\lambda^i & \sum_{i=n-1}^{m} y_{i-n+1}(s)\lambda^i & \cdots & \sum_{i=0}^{m} y_i(s)\lambda^i \end{bmatrix}$$

$$(3.4.17)$$

证明：分母数量多项式(3.4.16)的证法与(3.4.8)的证法相同．根据$(m/n)_f(s,\lambda)$的定义，并设

$$p_{m,n}(s,\lambda) = p_0(s) + p_1(s)\lambda + \cdots + p_m(s)\lambda^m.$$

展开$q_{m,n}(\lambda)f(s,\lambda)$，并参考(3.4.9)式的证明可得

$$q_{m,n}(\lambda)f(\lambda) = p_0(s) + p_1(s)\lambda + \cdots + p_m(s)\lambda^m + O(\lambda^m)$$

$$= \Big(\sum_{i=0}^{m} y_i(s)\lambda^i\Big)b_n + \Big(\sum_{i=1}^{m} y_{i-1}(s)\lambda^i\Big)b_{n-1} + \cdots +$$

$$\Big(\sum_{i=n-1}^{m} y_{i-n+1}(s)\lambda^i\Big)b_1 +$$

$$\Big(\sum_{i=n-1}^{m} y_{i-n+1}(s)\lambda^i\Big)b_0 + O(\lambda^m) \qquad (3.4.18)$$

比较(3.4.18)与(3.4.14)中关于$b_0, b_1, \cdots, b_n$的系数，解出(3.4.18)，即得(3.4.17)．因

$$\det\{h_n(c_{m-n+1})\} \neq 0,$$

即为

$$q_{m,n}(0) \neq 0,$$

故$q_{m,n}(\lambda)$存在，由 (3.4.18)知$p_{m,n}(s,\lambda)$亦存在．从而，

$$(m/n)_f(s,\lambda) = p_{m,n}(s,\lambda)/q_{m,n}(\lambda)$$

存在且唯一，此定理证毕.

例 3.4.6 考虑下列第二类 Fredholm 积分方程

$$\varphi(s) = f(s, \lambda) = \frac{6}{5}(1 - 4s) + \lambda \int_0^1 (s\ln t - t\ln s)\varphi(t)\mathrm{d}t$$

$$(3.4.19)$$

它的连续核 $K(s, t) = s\ln t - t\ln s,\ 0 \leqslant s, t \leqslant 1.$ 方程(3.4.19)的准确解是

$$\varphi(s) = \frac{6}{5}(1 - 4s) + \frac{\lambda^2 (2s + \dfrac{1}{4}\ln s) + \lambda \ln s}{1 + \dfrac{29}{48}\lambda^2}.$$

求 $(2/2)_f(s, \lambda) = p_{2,2}(s, \lambda)/q_{2,2}(\lambda)$.

解： $f(s, \lambda)$ 的幂级数展开式前几项是

$$\varphi(s) = \frac{6}{5}(1 - 4s) + \lambda \ln s + \left(\frac{1}{4}\ln s + 2s\right)\lambda^2 -$$

$$\frac{29}{48}\ln s \lambda^3 - \frac{29}{48}\left(\frac{1}{4}\ln s + 2s\right)\lambda^4 + \cdots,$$

其中

$$y_0(s) = \frac{6}{5}(1 - 4s), \quad y_1(s) = \ln s, \quad y_2(s) = \frac{\ln s}{4} + 2s$$

$$y_3(s) = -\frac{29}{48}\ln s, \quad y_4(s) = -\frac{29}{48}\left(\frac{\ln s}{4} + 2s\right), \cdots$$

现在取 $m = 2, n = 2$，根据行列式公式(3.4.16)和(3.4.17)，得 $(2/2)_f(s, \lambda)$ 的分母和分子多项式分别为

$$q_{2,2}(\lambda) = \det \begin{bmatrix} (y_1(s), y_1(s)) & (y_1(s), y_2(s)) & (y_1(s), y_3(s)) \\ (y_1(s), y_2(s)) & (y_1(s), y_3(s)) & (y_1(s), y_4(s)) \\ \lambda^2 & \lambda & 1 \end{bmatrix}$$

$$= -\frac{29}{12}\left(1 + \frac{29}{48}\lambda^2\right)$$

$$p_{2,2}(s, \lambda)$$

$$= \det \begin{bmatrix} (y_1(s), y_1(s)) & (y_1(s), y_2(s)) & (y_1(s), y_3(s)) \\ (y_1(s), y_2(s)) & (y_1(s), y_3(s)) & (y_1(s), y_4(s)) \\ y_0(s)\lambda^2 & y_0(s)\lambda + y_1(s)\lambda^2 & y_0(s) + y_1(s)\lambda + y_2(s)\lambda^2 \end{bmatrix}$$

$$= \frac{6}{5}(1 - 4s)\left(\frac{841}{576}\lambda^2 - \frac{29}{12}\right) - \frac{9}{12}\left(\lambda \ln s + \left(\frac{\ln s}{4} + 2s\right)\lambda^2\right)$$

其中

$$(y_1(s), y_1(s)) = \int_0^1 (\ln s)^2 \mathrm{d}s = 2,$$

$$(y_1(s), y_2(s)) = \int_0^1 (\ln s)\left(\frac{\ln s}{4} + 2s\right)\mathrm{d}s = 0,$$

$$(y_1(s), y_3(s)) = \int_0^1 (\ln s)\left(-\frac{29}{48}\ln s\right)\mathrm{d}s = -\frac{29}{24},$$

$$(y_1(s), y_4(s)) = \int_0^1 -\frac{29}{48}(\ln s)\left(\frac{\ln s}{4} + 2s\right)\mathrm{d}s = 0.$$

通过验证 $(2/2)_f(s, \lambda) = p_{2,2}(s, \lambda)/q_{2,2}(\lambda)$ 与准确解完全相等.

§3.5 函数值 Padé-型逼近的正交 Padé-型表的三角分布特征

定理 3.5.1 设

(i) $v_n(x)$ 满足 $\phi^{(m-n+1)}(x^k v_n(x)) = 0, k = 0, 1, \cdots, n-1$,而 $u_p(\lambda)$ 是任一关于 λ 的 p 次多项式 $(0 \leqslant p \leqslant n)$.

(ii) $(m/n)_f(s, \lambda)$ 是 $f(s, \lambda)$ 的以 $v_n(\lambda)$ 为生成多项式的函数值 Padé-型逼近.

则 $f(s, \lambda)$ 的以 $v(\lambda) = u_p(\lambda)v_n(\lambda)$ 为生成多项式的$(m + p + h/$

$n+p$) 阶的函数值 Padé - 型逼近满足

$$(m+p+h/n+p)_f(s, \lambda) = (m/n)_f(s, \lambda) \qquad (3.5.1)$$

其中 $0 \leqslant p+h \leqslant n.$

证明： 由高阶 Padé - 型逼近的定义(2.1.13)可直接得

$$(m/n)_f(s, \lambda) = \sum_{k=0}^{m-n} y_k(s)\lambda^k + \lambda^{m-n+1} \frac{\widetilde{W}_l(s, \lambda)}{\widetilde{v}_n(\lambda)}, \qquad l = m-n+1$$

$$(3.5.2)$$

将上式中 m 换为 $m+p+h$,将 n 换为 $n+p$,以 $v_n(\lambda)u_p(\lambda)$ 为生成多项式, 则有

$$(m+p+h/n+p)_f(s, \lambda)$$

$$= \sum_{k=0}^{m+h-n} y_k(s)\lambda^k + \lambda^{m+h-n+1} \frac{\widetilde{W}'(s, \lambda)}{u_p(\lambda)v_n(\lambda)}$$

$$= \sum_{k=0}^{m-n} y_k(s)\lambda^k + \sum_{k=m-n+1}^{m+h-n} y_k(s)\lambda^k +$$

$$\lambda^{m+h-n+1} \frac{\widetilde{W}'(s, \lambda)}{u_p(\lambda)v_n(\lambda)} \qquad (3.5.3)$$

其中 $\qquad W_l(s, \lambda) = \phi^{(m-n+1)}\left(\frac{v_n(x) - v_n(\lambda)}{x-\lambda}\right)$

$$W'(s, \lambda) = \phi^{(m+h-n+1)}\left(\frac{v_n(x)u_p(x) - u_p(\lambda)v_n(\lambda)}{x-\lambda}\right)$$

$$= \phi^{(m-n+1)}\left\{x^h \frac{u_p(x)v_n(x) - u_p(\lambda)v_n(\lambda)}{x-\lambda}\right\}$$

$$= \phi^{(m-n+1)}\left\{\frac{v_n(x) - v_n(\lambda)}{x-\lambda}u_p(\lambda)\lambda^h - \right.$$

$$\frac{x^h - \lambda^h}{x - \lambda} u_p(\lambda) v_n(\lambda) + \frac{u_p(x) x^h - u_p(\lambda)\lambda^h}{x - \lambda} v_n(x) \Big\}$$

$$(3.5.4)$$

因为 $\dfrac{u_p(x) x^h - u_p(\lambda)\lambda^h}{x - \lambda}$ 是 x 的 $p + h - 1 < n$ 次多项式，由定理的已知条件得

$$\phi^{(m-n+1)}\left(\frac{u_p(x) x^h - u_p(\lambda)\lambda^h}{x - \lambda} v_n(x)\right) = 0. \qquad (3.5.5)$$

将式(3.5.5)代入(3.5.4)，推出

$$W'(s, \lambda) = \lambda^h u_p(\lambda) \phi^{(m-n+1)}\left(\frac{v_n(x) - v_n(\lambda)}{x - \lambda}\right) -$$

$$u_p(\lambda) v_n(\lambda) \phi^{(m-n+1)}\left(\frac{x^h - \lambda^h}{x - \lambda}\right)$$

$$= \lambda^h u_p(\lambda) W_l(s, \lambda) -$$

$$u_p(\lambda) v_n(\lambda) \phi^{(m-n+1)}\left(\sum_{k=0}^{h-1} x^{h-1-k}\lambda^k\right) \qquad (3.5.6)$$

由于泛函只作用在 x 上，观察(3.5.4)发现，$W'(s, \lambda)$ 是关于 λ 的 $n + p - 1$ 次多项式，

$$\widetilde{W}'(s, \lambda) = \lambda^{n+p-1} W'(s, \lambda^{-1}) \qquad (3.5.7)$$

于是有

$$\widetilde{W}'(s, \lambda) = \lambda^{n+p-1}\Big\{\lambda^{-h} u_p(\lambda^{-1}) W_l(s, \lambda^{-1}) - u_p(\lambda^{-1}) v_n(\lambda^{-1}) \cdot$$

$$\phi^{(m-n+1)}\left(\sum_{k=0}^{n-1} x^{p-1-k}\lambda^{-k}\right)\Big\}$$

$$= \lambda^{-h}\Big\{\widetilde{u}_p(\lambda) \widetilde{W}_l(s, \lambda) -$$

$$\widetilde{u}_p(\lambda) \widetilde{v}_n(\lambda) \phi^{(m-n+1)}\left(\sum_{k=o}^{h-1} (x\lambda)^k\right\} \qquad (3.5.8)$$

其中

$$\widetilde{u}_p(\lambda) = \lambda^{-h} u_p(\lambda^{-1}), \qquad \widetilde{v}_n(\lambda) = \lambda^{-n} v_n(\lambda^{-1}),$$

再将上式的 $\widetilde{W}'(s, \lambda)$ 代入 (3.5.3),得

$$(m+p+h/n+p)_f(s, \lambda)$$

$$= \sum_{k=0}^{m-n} y_k(s)\lambda^k + \sum_{k=m-n+1}^{m+h-n} y_k(s)\lambda^k + \frac{\lambda^{m+h-n+1}}{\widetilde{u}_p(\lambda)\,\widetilde{v}_n(\lambda)}$$

$$\left\{ \lambda^{-h}\widetilde{u}_p(\lambda)\,\widetilde{W}_l(s, \lambda) - \widetilde{u}_p(\lambda)\,\widetilde{v}_n(\lambda)\phi^{(m-n+1)}\Big(\sum_{k=0}^{h-1}(x\lambda)^k \Big) \right\}$$

$$= \sum_{k=0}^{m-n} y_k(s)\lambda^k + \sum_{k=m-n+1}^{m+h-n} y_k(s)\lambda^k +$$

$$\lambda^{m-n+1}\frac{\widetilde{W}_l(s, \lambda)}{\widetilde{v}_n(\lambda)} - \sum_{k=m-n+1}^{m+h-n} y_k(s)\lambda^k$$

$$= (m/n)_f(s, \lambda) \tag{3.5.9}$$

注解 1: 当把 Padé-型逼近的生成多项式取为正交多项式时,Padé-型表具有三角形结构. 例如:当 $m=2$, $n=2$ 时,有 $(2/2)_f = (3/2)_f = (4/2)_f = \cdots = (4/4)_f$. 如下图的带箭头的三角部分的元素相同.

$(0/0)_f(0/1)_f(0/2)_f(0/3)_f(0/4)_f(0/5)_f(0/6)_f\cdots$

$(1/0)_f(1/1)_f(1/2)_f(1/3)_f(1/4)_f(1/5)_f(1/6)_f\cdots$

$(2/0)_f(2/1)_f(\overrightarrow{2/2})_f(2/3)_f(2/4)_f(2/5)_f(2/6)_f\cdots$

$(3/0)_f(3/1)_f(\overrightarrow{3/2})_f(\overrightarrow{3/3})_f(3/4)_f(3/5)_f(3/6)_f\cdots$

$(4/0)_f(4/1)_f(\overrightarrow{4/2})_f(\overrightarrow{4/3})_f(\overrightarrow{4/4})_f(4/5)_f(4/6)_f\cdots$

$$\vdots \quad \vdots \quad \vdots \quad \vdots \quad \vdots \quad \vdots \quad \vdots$$

注解 2: 若要计算例 3.4.6 的 $(4/4)_f$,我们就只要计算 $(2/2)_f$. 从而减少了计算量,但精度却达到 $O(\lambda^5)$.

第四章 函数值 Padé-型逼近的
收敛性定理

在本章中,重点研究的是函数值 Padé-型逼近的$(m/n)_f(s, \lambda)$当 n 固定时 m 趋向于无穷时以及 m,n 同时趋向于无穷时的收敛性问题. Brezinski[22]利用数量 Padé-型逼近的定义,并借助于 Toeplitz 定理研究了这一问题,得到了一些重要的结果. Prevost [120]研究了 Stieltjes 级数 Padé-型逼近的收敛性的问题. 另外,Iseghem[102],Magus[119]等在这方面已做了大量的工作.

函数值 Padé-型逼近的收敛性问题与广义逆函数值 Padé 逼近的收敛性完全不同,因为函数值 Padé-型逼近的收敛性问题主要取决于被逼近的幂级数的函数性质. 由于 FPTA 的生成多项式是预先取定的,且生成多项式不同所得到的 FPTA 也不相同,因此,对于一个给定的函数而言,它的函数值 Padé-型逼近的收敛性主要取决于生成多项式的结构. 本章主要从三种角度来讨论 FPTA 的收敛性.

● 首先从泛函形式的误差公式着手,来研究函数值 Padé-型逼近$(m/n)_f(s, \lambda)$当 n 固定时 m 趋向于无穷时以及 m,n 同时趋向于无穷时的收敛性问题.

● 接下来先将函数值 Padé-型逼近$(m/n)_f(s, \lambda)$表示成幂级数的部分和数列关于 λ 系数的线性关系,再根据 Toeplitz 定理,建立了判定 FPTA 行、列收敛的充分条件.

● 最后,从积分形式的误差公式$(2.4.6)$着手,研究了 FPTA 的收敛性问题,且证明了最佳 L_p 局部的拟函数值有理逼近在紧子集 **K** 上一致收敛于 FPTA.

§4.1 函数值 Padé-型逼近的泛函形式的收敛定理

在本节中,我们从泛函形式的误差公式着手,来研究函数值 Padé-型逼近 $(m/n)_f(s, \lambda)$ 当 n 固定时 m 趋向于无穷时以及 m, n 同时趋向于无穷时的收敛性问题.

定理 4.1.1 设幂级数 $f(s, \lambda)$ 在区域 $D = \{\lambda \mid |\lambda| < R\}$ 内解析, $v_n(\lambda)$ 为任一满足 $v_n(0) \neq 0$ 的 n 次多项式,则当 $m \to \infty$ 时, $f(s, \lambda)$ 的以 $v_n(\lambda)$ 为分母的函数值 Padé-型逼近 $(m/n)_f(s, \lambda)$ 在域 $D \backslash \{\lambda \mid v_n(\lambda) = 0)\}$ 的任一紧子集 $\mathbf{K}$ 上一致收敛于 $f(s, \lambda)$.

证明: 设

$$f(s, \lambda) = \sum_{k=0}^{\infty} y_k(s) \lambda^k, \quad \lambda \in D \tag{4.1.1}$$

$$\tilde{v}_n(\lambda) = \lambda^n v_n(\lambda^{-1}) = \sum_{i=0}^{n} b_i \lambda^i \tag{4.1.2}$$

由误差公式 (2.4.3),得

$$f(s, \lambda) - (m/n)_f(s, \lambda)$$

$$= \frac{\lambda^{m+1}}{v_n(\lambda)} \phi^{(m-n+1)} \left(\frac{\tilde{v}_n(x)}{1 - x\lambda} \right)$$

$$= \frac{1}{v_n(\lambda)} \sum_{k=0}^{\infty} \left(\sum_{i=0}^{n} b_i y_{m-n+1+i+k}(s) \right) \lambda^{m+1+k}$$

$$= \frac{1}{v_n(\lambda)} \sum_{i=0}^{n} b_i \lambda^{n-i} \left(\sum_{k=m-n+1+i}^{\infty} y_k(s) \lambda^k \right) \tag{4.1.3}$$

对于任意 $\lambda \in K$, 有 $|v_n(\lambda)| \geqslant \varepsilon > 0$, 若记 $R_0 = \max |\lambda|$ $(\lambda \in K)$,则当 $\lambda \in K$ 时成立

$$|f(s, \lambda) - (m/n)_f(s, \lambda)| \leqslant$$

$$\frac{1}{v_n(\lambda)} \sum_{i=0}^{n} \mid b_i \mid \mid \lambda \mid^{n-i} \sum_{k=m-n+1+i}^{\infty} \mid y_k(s) \mid \mid \lambda^k \mid \leqslant$$

$$\frac{1}{\varepsilon} \Big(\sum_{i=0}^{n} \mid b_i \mid R_0^{n-i} \Big) \sum_{k=m-n+1}^{\infty} \mid y_k(s) \mid R_0^k \qquad (4.1.4)$$

由于幂级数 $f(s, \lambda)$ 在区域 $D = \{\lambda \mid \mid \lambda \mid < R\}$ 内是解析的,所以当 $m \to \infty$,上述不等式的右端趋于零,从而

$$\lim_{m \to \infty} (m/n)_f(s, \lambda) = f(s, \lambda)$$

在 **K** 上一致成立. 定理证毕.

下面是将定理 4.1.1 推广到了复数域.

定理 4.1.2 设 $f(s, \lambda)$ 在区域 $D = \{\lambda \mid \mid \lambda \mid < R\}$ 内的关于 λ 的亚纯函数,$f(s, \lambda)$ 在 D 内有 n_1 个极点,其阶数分别为 $\alpha_1, \alpha_2 \cdots \alpha_{n_1}$,$\sum_{i=1}^{n_1} \alpha_i = n$,且满足 $0 < \mid \lambda_1 \mid \leqslant \mid \lambda_2 \mid \leqslant \cdots \leqslant \mid \lambda_{n_i} \mid < R$. 令

$$v_n(\lambda) = (\lambda - \lambda_1)^{\alpha_1} (\lambda - \lambda_2)^{\alpha_2} \cdots (\lambda - \lambda_{n_1})^{\alpha_{n_1}}$$

则当 $m \to \infty$ 时,$f(s, \lambda)$ 的以 $v_n(\lambda)$ 为分母的函数值 Padé-型逼近在域 $D \backslash \{\lambda \mid \lambda = \lambda_i, i = 1, 2, \cdots, n_i\}$ 的任一紧子集 **K** 上一致收敛于 $f(s, \lambda)$.

证明:由于满足定理 4.1.2 条件的 $f(s, \lambda)$ 必可表示为

$$f(s, \lambda) = g(s, \lambda) + \frac{W_k(s, \lambda)}{v_n(\lambda)} \qquad (4.1.5)$$

其中 $g(s, \lambda)$ 在 D 内解析,$W_k(s, \lambda)$ 是关于 λ 的次数为 $k(k \leqslant n)$ 的函数值多项式,由推论 2.3.6 得,

$$(m/n)_f(s, \lambda) = (m/n)_g(s, \lambda) + \frac{W_k(s, \lambda)}{v_n(\lambda)}$$

再由定理 4.1.1 知,当 $m \to \infty$ 时 $(m/n)g(s, \lambda)$ 在 **K** 上一致收敛于 $g(s, \lambda)$,从而当 $m \to \infty$ 时,$(m/n)_f(s, \lambda)$ 在 **K** 上一致收敛于 $f(s, \lambda)$.

定理证毕.

注解: 对任意固定的 $k \geqslant -1$, 幂级数 $f(s, \lambda)$ 的以 $v_n(\lambda) = \left(\lambda + \dfrac{1}{n}\right)^n$ 为分母的函数值 Padé-型逼近 $(n+k/n)_f(s, \lambda)$ 在 D_R 内的任一紧子集 **K** 上一致收敛于 $f(s, \lambda)$, 下面通过一个例子来说明.

例 4.1.3 设幂级数 $f(s, \lambda)$ 在 $D_R : \{|\lambda| < R\}$ 内关于 λ 是解析的, 则当 $n \rightarrow \infty$ 时, 幂级数 $f(s, \lambda)$ 以 $v_n(\lambda) = \left(\lambda + \dfrac{1}{n}\right)^n$ 为生成多项式的函数值 Padé 型逼近 $(n+k/n)_f(s, \lambda)$ 在 D_R 内的任一紧子集 **K** 上一致收敛于 $f(s, \lambda)$.

证明: 设

$$f(s, \lambda) = \sum_{k=0}^{\infty} y_k(s)\lambda^k, \quad \lambda \in \mathbf{K} \tag{4.1.6}$$

$$v_n(\lambda) = \left(\lambda + \frac{1}{n}\right)^n = \sum_{i=0}^{n} C_n^i \frac{1}{n^{n-i}} \lambda^i \tag{4.1.7}$$

则

$$\widetilde{v}_n(\lambda) = \lambda^n v_n(\lambda^{-1}) = \left(1 + \frac{\lambda}{n}\right)^n \tag{4.1.8}$$

当 $\lambda \in \mathbf{K}$ 时, 由误差公式(2.4.3), 得

$$f(s, \lambda) - (n+k/n)_f(s, \lambda)$$

$$= \frac{\lambda^{n+k+1}}{\widetilde{v}_n(\lambda)} \phi^{(k+1)}\left(\frac{v_n(x)}{1-x\lambda}\right)$$

$$= \frac{\lambda^{n+k+1}}{\widetilde{v}_n(\lambda)} \phi^{(k+1)}\left(\sum_{i=0}^{n} C_n^i \frac{1}{n^{n-i}} \lambda^i \sum_{j=0}^{\infty} (x\lambda)^j\right)$$

$$= \frac{\lambda^{n+k+1}}{\widetilde{v}_n(\lambda)}\left(\sum_{i=0}^{n} \frac{1}{n^{n-i}} \sum_{j=0}^{\infty} C_n^i y_{k+1+i+j}(s)\lambda^j\right)$$

$$= \frac{1}{\widetilde{v}_n(\lambda)} \sum_{i=0}^{n} C_n^i \left(\frac{\lambda}{n}\right)^{n-i} \left(\sum_{j=k+1+i}^{\infty} y_j(s)\lambda^j\right)$$

$$= \frac{1}{\widetilde{v}_n(\lambda)} \left(\sum_{i=0}^{n} C_n^i \left(\frac{\lambda}{n}\right)^{n-i}\right)$$

$$\left(\sum_{j=k+1+i}^{n+k+1} y_j(s)\lambda^j + \sum_{j=n+k+2}^{\infty} y_j(s)\lambda^j\right) \qquad (4.1.9)$$

若记 $R_0 = \max |\lambda|$, $\displaystyle\sum_{j=0}^{\infty} |y_j(s)| R_0^j \leqslant M$, $(\lambda \in \mathbf{K})$, 则有

$$\left|\sum_{i=0}^{n} C_n^i \left(\frac{\lambda}{n}\right)^{n-i} \left(\sum_{j=k+1+i}^{n+k+1} y_j(s)\lambda^j\right)\right| \leqslant$$

$$\left|\sum_{i=0}^{\left[\frac{n}{2}\right]} C_n^i \left(\frac{\lambda}{n}\right)^{n-i} \left(\sum_{j=k+1+i}^{n+k+1} y_j(s)\lambda^j\right)\right| +$$

$$\left|\sum_{i=\left[\frac{n}{2}\right]+1}^{n} C_n^i \left(\frac{\lambda}{n}\right)^{n-i} \left(\sum_{j=k+1+i}^{n+k+1} y_j(s)\lambda^j\right)\right| \leqslant$$

$$M \sum_{i=0}^{\left[\frac{n}{2}\right]} C_n^i \left|\frac{\lambda}{n}\right|^{n-i} + \left(\sum_{j=k+2+\left[\frac{n}{2}\right]}^{\infty} (|y_j(s)| R_0^j) \cdot \left(\sum_{i=\left[\frac{n}{2}\right]+1}^{n} C_n^i \left|\frac{\lambda}{n}\right|^{n-i}\right)\right) \leqslant$$

$$M C_n^{\left[\frac{n}{2}\right]} \sum_{i=0}^{\left[\frac{n}{2}\right]} \left(\frac{R_0}{n}\right)^{n-i} + \left(\sum_{j=k+2+\left[\frac{n}{2}\right]}^{\infty} |y_j(s)| R_0^j\right) \left(1+\frac{R_0}{n}\right)^n \leqslant$$

$$M \frac{n^{\left[\frac{n}{2}\right]}}{\left[\frac{n}{2}\right]!} \left(\frac{R_0}{n}\right)^{\left[\frac{n+1}{2}\right]} \frac{1}{1-\dfrac{R_0}{n}} + e^{R_0} \left(\sum_{j=k+2+\left[\frac{n}{2}\right]}^{\infty} |y_j(s)| R_0^j\right) \leqslant$$

$$M \frac{R_0^{\left[\frac{n+1}{2}\right]}}{\left[\frac{n}{2}\right]!} \frac{n}{n-R_0} + e^{R_0} \left(\sum_{j=k+2+\left[\frac{n}{2}\right]}^{\infty} |y_j(s)| R_0^j\right) \qquad (4.1.10)$$

又当 n 充分大时

$$\tilde{v}_n(\lambda) = \left| \left(1 + \frac{\lambda}{n} \right)^n \right| \geqslant \frac{1}{2} \mid e^\lambda \mid \geqslant \frac{1}{2} e^{-R_0} \qquad (4.1.11)$$

由(4.1.9), (4.1.10)和(4.1.11), 得

$$\mid f(s, \lambda) - \breve{(n+k/n)}_f(s, \lambda) \mid \leqslant$$

$$\frac{1}{\tilde{v}_n(\lambda)} \Big\{ \sum_{i=0}^n C_n^i \left(\frac{\lambda}{n} \right)^{n-i} \sum_{j=k+1+i}^{n+k+1} \mid y_j(s)\lambda^j \mid +$$

$$\left| \sum_{j=n+k+2}^\infty y_j(s)\lambda^j \right| \Big\} \leqslant 2e^{R_0} \Bigg\{ M \frac{R_0^{\left[\frac{n+1}{2}\right]}}{\left[\frac{n}{2}\right]!} \frac{n}{n-R_0} +$$

$$e^{R_0} \Bigg\{ \sum_{j=k+2+\left[\frac{n}{2}\right]}^\infty \mid y_j(s) \mid R_0^j \Bigg] + \sum_{j=k+2+n}^\infty \mid y_j(s) \mid R_0^j \Bigg\}$$

由于幂级数 $f(s, \lambda)$ 在 D_R：$\{\mid \lambda \mid < R\}$ 内关于 λ 是解析的,所以,当 $n \to \infty$ 时,上述不等式右端趋于零,即 $(n+k/n)_f(s, \lambda)$ 在 **K** 上一致收敛于 $f(s, \lambda)$.

§4.2   函数值 Padé-型逼近的 Toeplitz 收敛性定理

本节的收敛性是借助于数量 Toeplitz 收敛定理[22]来进行讨论的.

设由式(2.1.2)所给的幂级数 $f(s, \lambda)$ 在 D：$\{\lambda \mid \mid \lambda \mid < R\}$ 内解析,其中幂级数的部分和数列 $\{S_n(s, \lambda)\}$ 为

$$S_n(s, \lambda) = \sum_{i=0}^n y_i(s)\lambda^i, \quad n = 0, 1, 2, \cdots \qquad (4.2.1)$$

则易知部分和数列 $\{S_n(s, \lambda)\}$ 在 D 内一定收敛且一致收敛. 注意到此处 $y_i(s) \in C[a, b]$.

引理 4.2.1 设幂级数 $f(s, \lambda)$ 的部分和数列为 $\{S_n(s, \lambda)\}$，则幂级数 $f(s, \lambda)$ 的以 $v_n(\lambda) = \sum_{i=1}^{n} b_i \lambda^i$ 为生成多项式的 $(n-1, n)$ 阶的函数值 Padé-型逼近可以表示为如下的部分和级数的线性表示：

$$(n-1/n)_f(s, \lambda) = B_1 S_0(s, \lambda) + B_2 S_1(s, \lambda) + \cdots + B_n S_{n-1}(s, \lambda) \tag{4.2.2}$$

其中 $B_i = b_i \lambda^{n-i} / \widetilde{v}_n(\lambda)$，$\widetilde{v}_n(\lambda) = \lambda^n v_n(\lambda^{-1})$，且 $\sum_{i=1}^{n} B_i = 1$.

证明： 设关于 λ 的生成多项式为

$$v_n(\lambda) = b_0 + b_1\lambda + b_2\lambda^2 + \cdots + b_n\lambda^n \tag{4.2.3}$$

由 $(2.1.8)$，$(2.1.9)$ 可知

$$
\begin{aligned}
W(s, \lambda) &= \phi\left(\frac{v_n(x) - v_n(\lambda)}{x - \lambda}\right) \\
&= \phi\{b_1 + b_2(x + \lambda) + b_3(x^2 + x\lambda + \lambda^2) + \cdots + \\
&\quad b_n(x^{n-1} + x^{n-2}\lambda + \cdots + \lambda^{n-1})\} \\
&= b_1 y_0(s) + b_2(\lambda y_0(s) + y_1(s)) + b_3(\lambda^2 + \\
&\quad \lambda y_1(s) + y_2(s)) + \cdots + b_n(\lambda^{n-1}(y_0(s) + \\
&\quad \lambda^{n-2} y_1(s) + \cdots + y_{n-1}(s)))
\end{aligned} \tag{4.2.4}
$$

再根据 $(2.1.12)$，有

$$
\begin{aligned}
\widetilde{W}(s, \lambda) &= b_1 y_0(s)\lambda^{n-1} + b_2(y_0(s)\lambda^{n-2} + \lambda^{n-1} y_1(s)) + \cdots + \\
&\quad b_n(y_0(s) + \lambda y_1(s) + \cdots + y_{n-1}(s)\lambda^{n-1}) \tag{4.2.5}
\end{aligned}
$$

则

$$(n-1/n)_f(s, \lambda)$$

$$b_1 y_0(s)\lambda^{n-1} + b_2\lambda^{n-2}(y_0(s)+\lambda y_1(s)) + \cdots +$$

$$= \frac{b_n(y_0(s)+\cdots+\lambda^{n-1}y_{n-1}(s))}{\widetilde{v}_n(\lambda)} \tag{4.2.6}$$

如果记

$$B_i = b_i\lambda^{n-i}/\widetilde{v}_n(\lambda),$$

则式(4.2.6)为

$$(n-1/n)_f(s,\lambda) = B_1 S_0(s,\lambda) + B_2 S_1(s,\lambda) + \cdots + B_n S_{n-1}(s,\lambda),$$

且

$$\sum_{i=1}^n B_i = 1.$$

例 4.2.2 将例 2.2.2 中的 $(1/2)_f(s,\lambda)$ 表示成形如(4.2.1)的线性形式.

解: 例 2.2.2 中的积分方程的幂级数展开式是

$$y(s) = f(s,\lambda) = \cos(s) + \lambda\pi\sin(s) + \pi^2\lambda^2\cos(s) +$$

$$\pi^3\lambda^3\sin(s) + \pi^4\lambda^4\cos(s) + \pi^5\lambda^5\sin(s) + \cdots,$$

取 $v_2(\lambda) = \lambda^2 - \pi^2$，其中 $b_0 = -\pi^2$, $b_1 = 0$, $b_2 = 1$. 则 $\widetilde{v}_2(\lambda) = 1 - \pi^2\lambda^2$.

根据(4.2.1)得

$$S_0(s,\lambda) = \cos(s),\ S_1(s,\lambda) = \cos(s) + \lambda\pi\sin(s),$$

且

$$(1/2)_f(s,\lambda) = B_1 S_0(s,\lambda) + B_2 S_1(s,\lambda) = \frac{\cos(s)+\lambda\pi\sin(s)}{1-\pi^2\lambda^2}.$$

上式的结果与例 2.2.2 的结果完全吻合.

引理 4.2.3 幂级数 $f(s,\lambda)$ 的以 $v_n(\lambda)$ 为生成多项式的 $(n+k,$

k)阶的函数值 Padé-型逼近也可以表示为如下的级数部分和形式：

$$(n+k/k)_f(s,\lambda) = B_0^k S_n(s,\lambda) + B_1^k S_{n+1}(s,\lambda) + \cdots +$$

$$B_k^k S_{n+k}(s,\lambda),\ n = 0,1,2\cdots \qquad (4.2.7)$$

其中 $B_i^k = b_i\lambda^{k-i}/\widetilde{v}_k(\lambda)$，$\widetilde{v}_k(\lambda) = \lambda^k v_k(\lambda^{-1})$，且满足 $\sum\limits_{i=0}^{k} B_i^k = 1$.

证明：设 $v_k(\lambda) = b_0 + b_1\lambda + b_2\lambda^2 + \cdots + b_k\lambda^k$. 根据式(2.1.10)，(2.1.11)，得

$$(n+k/k)_f(s,\lambda) = \sum_{i=0}^{n} y_i(s)\lambda^i + \lambda^{n+1}\frac{\widetilde{W}_{n+1}(s,\lambda)}{\widetilde{v}_k(\lambda)} \qquad (4.2.8)$$

其中 $W_{n+1}(s,\lambda)$ 为

$$W_{n+1}(s,\lambda) = \phi^{(n+1)}\left(\frac{v_k(x) - v_k(\lambda)}{x - \lambda}\right)$$

$$= b_1 y_{n+1}(s) + b_2(\lambda y_{n+1}(s) + y_{n+2}(s)) +$$

$$b_3(\lambda^2 y_{n+1}(s) + \lambda y_{n+2}(s) + y_{n+3}(s)) + \cdots +$$

$$b_k(\lambda^{k-1} y_{n+1}(s) + \lambda^{k-2} y_{n+2}(s) + \cdots + y_{n+k}(s))$$

$$(4.2.9)$$

再根据式(2.1.12)，有

$$\widetilde{W}_{n+1}(s,\lambda)$$

$$= b_1 y_{n+1}(s)\lambda^{k-1} + b_2\lambda^{k-2}(y_{n+1}(s) + \lambda y_{n+2}(s)) +$$

$$b_3\lambda^{k-3}(y_{n+1}(s) + \lambda y_{n+2}(s) + \lambda^2 y_{n+3}(s)) + b_k(y_{n+1}(s) +$$

$$\lambda y_{n+2}(s) + \cdots + y_{n+k}(s)\lambda^{k-1}) \qquad (4.2.10)$$

将(4.2.10)代入(4.2.8)得

$$(n+k/n)_f(s, \lambda)$$

$$= \frac{S_n(b_0\lambda^k + b_1\lambda^{k-1} + \cdots + b_k) + \lambda^{n+1}\widetilde{W}_{n+1}(s, \lambda)}{\widetilde{v}_k(\lambda)}$$

$$= \frac{\begin{array}{l}b_0 S_n\lambda^k + b_1\lambda^{k-1}(S_n + \lambda^{n+1}y_{n+1}(s)) + \cdots + \\ b_n(S_n + \lambda^{n+1}y_{n+1}(s) + \cdots + \lambda^{n+k}y_{n+k}(s))\end{array}}{\widetilde{v}_k(\lambda)}$$

若记

$$B_i^k = b_i\lambda^{k-i}/\widetilde{v}_k(\lambda), \quad i = 0, 1, 2, \cdots k,$$

显然有

$$\sum_{i=0}^n B_i^k = 1.$$

例 4.2.4 将例 2.2.2 中的 $(2/2)_f(s, \lambda)$ 表示成形如 (4.2.7) 的线性形式.

解：(参照例 4.2.2) 由 (4.2.1) 得

$$S_0(s, \lambda) = \cos s, S_1(s, \lambda) = \cos s + \lambda\pi\sin s,$$

$$S_2(s, \lambda) = \cos s + \lambda\pi\sin s + \pi^2\lambda^2\cos s$$

根据 (4.2.7) 得

$$(2/2)_f(s, \lambda) = B_0^2 S_0(s, \lambda) + B_1^2 S_1(s, \lambda) + B_2^2 S_2(s, \lambda)$$

$$= \frac{\cos s + \lambda\pi\sin s}{1 - \pi^2\lambda^2}.$$

上式的结果与例 3.2.2 的结果完全吻合.

定理 4.2.5 (数量 Toeplitz 收敛定理[22]) 设数量 $\{a_i\}$，$i = 1$, $2, \cdots, n$ 部分和数列为：$S_n = \sum_{i=1}^n a_i$，$n = 0, 1, 2, \cdots$. 且由 $S_n n = 0$,

1, 2, … 所产生的数列为

$$\{V_n\}: V_n = d_{n0}S_0 + d_{n1}S_1 + \cdots + d_{nn}S_n$$

其中 d_{ni} 满足：

$$\text{(i)} \ \lim_{n \to \infty} \sum_{i=0}^{n} d_{ni} = 1,$$

$$\text{(ii)} \ \lim_{n \to \infty} \sum_{i=0}^{n} |d_{ni}| < M,$$

$$\text{(iii)} \ \lim_{n \to \infty} d_{ni} = 0.$$

若数量序列 $\{S_n\}$ 收敛，则数量序列 $\{S_n\}$ 与 $\{V_n\}$ 有相同的收敛极限.

定理 4.2.6 设 $f(s, \lambda)$ 在 $D: \{\lambda \mid |\lambda| < R\}$ 内解析，且 $B_i^k \geqslant 0$，则当 $n \to \infty$ 时，函数值 Padé-型逼近 $(n+k/k)_f(s, \lambda)$ 在 D 内一致收敛于 $f(s, \lambda)$.

证明： 由于 $f(s, \lambda)$ 在 D 内解析，即幂级数(4.2.1)的部分和数列 $S_n(s, \lambda)$ 在 D 内一致收敛于 $f(s, \lambda)$，即在 D 内有

$$\lim_{n \to \infty} S_n(s, \lambda) = f(s, \lambda) \qquad (4.2.11)$$

根据(4.2.7)知，$\sum_{i=0}^{n} B_i^k = 1$. 由于 $B_i^k \geqslant 0$，对固定的 k 和充分小的正数 ε，且当 $n \to \infty$ 时，由(4.2.11)及(4.2.7)，有

$$| (n+k/k)_f(s, \lambda) - f(s, \lambda) |$$

$$= | B_0^k S_n(s, \lambda) + B_1^k S_{n+1}(s, \lambda) + \cdots +$$

$$B_k^k S_{n+k}(s, \lambda) - \left(\sum_{i=0}^{k} B_i^k \right) f(s, \lambda) |$$

$$= | B_0^k (S_n(s, \lambda) - f(s, \lambda)) + B_1^k (S_{n+1}(s, \lambda) -$$

$$f(s, \lambda)) + \cdots + B_k^k (S_{n+k}(s, \lambda) - f(s, \lambda)) | \leqslant$$

$$\sum_{i=0}^{k} \mid B_i^k \mid \mid S_{n+i}(s, \lambda) - f(s, \lambda) \mid <$$

$$\varepsilon \sum_{i=0}^{k} \mid B_i^k \mid = \sum_{i=0}^{k} B_i^k = \varepsilon \to 0.$$

事实上,从定理 4.2.6 本身来判断函数值 Padé-型逼近收敛性还是很难,为此本文接下来给出两个简易的判定函数值 Padé-型逼近收敛的充分条件.

定理 4.2.7 (FPTA 行收敛的充分条件)设幂级数 $f(s, \lambda)$ 在 $D_R^+: \{0 < \lambda < R\}$ 内关于 λ 是解析的,如果函数值 Padé 型逼近生成多项式的零点 λ_i,满足 $\lambda_i \leqslant 0$, $i = 1, 2, \cdots, n$. 则当 $n \to \infty$ 时,函数值 Padé 型逼近 $(n+k/k)_f(s, \lambda)$,在 D_R^+ 内一致收敛于 $f(s, \lambda)$.

证明: 应用定理 4.2.6,只需证当 $n \to \infty$ 时,对固定的 k 有 $B_i^k \geqslant 0$ 即可.

首先将 $v(\lambda)$ 展开:

$$v(\lambda) = \prod_{k=1}^{n} (\lambda - \lambda_k) = (\lambda - \lambda_1)(\lambda - \lambda_2) \cdots (\lambda - \lambda_n)$$

$$= \lambda^n - \sigma_1 \lambda^{n-1} + \cdots + (-1)^{n-1} \sigma_{n-1} \lambda + (-1)^n \sigma_n$$

$$= b_n \lambda^n + b_{n-1} \lambda^{n-1} + \cdots + b_1 \lambda + b_0,$$

其中

$$b_i = (-1)^{n-i} \sigma_{n-i}, \ i = 0, 1, \cdots, n,$$

并且有

$$\sigma_0 = 1, \ \sigma_1 = \lambda_1 + \lambda_2 + \cdots + \lambda_n,$$

$$\sigma_2 = \lambda_1 \lambda_2 + \lambda_1 \lambda_3 + \cdots + \lambda_{n-1} \lambda_n,$$

$$\cdots \cdots,$$

$$\sigma_n = \lambda_1 \lambda_2 \cdots \lambda_n.$$

由于 $\lambda_i \leqslant 0$，$i = 1, 2, \cdots, n$，推出 $b_i \geqslant 0$. 而 $\lambda \in D_R^+$，即有

$$B_i^k = b_i \lambda^{k-i} / \tilde{v}_k(\lambda) \geqslant 0,$$

再根据定理 4.2.6 知，结论成立.

定理 4.2.8 设幂级数 $f(s, \lambda)$ 在 $D_R: \{\lambda \mid |\lambda| < R\}$ 内关于 λ 是解析的，如果 B_i^k 满足：

(i) $\lim\limits_{k \to \infty} B_i^k = 0$，

(ii) 对任意的 k 有 $\sum\limits_{i=0}^{n} |B_i^k| \leqslant M$,

则当 $k \to \infty$ 时，函数值 Padé-型逼近 $(n+k/k)_f(s, \lambda)$ 在 D_R 内一致收敛于 $f(s, \lambda)$.

证明：因为 $\sum\limits_{i=0}^{k} B_i^k = 1$，结论显然成立.

定理 4.2.9 （FPTA 列收敛的充分条件）设幂级数 $f(s, \lambda)$ 在 $D_R^+: \{0 < \lambda < R\}$ 内关于 λ 是解析的. 如果函数值 Padé-型逼近生成多项式的零点 λ_i，满足

(i) $\lambda_i \leqslant 0$，$i = 0, 1, \cdots$,

(ii) $\lim\limits_{i \to \infty} \lambda_i = 0$,

则当 $k \to \infty$ 时，函数值 Padé-型逼近 $(n+k/k)_f(s, \lambda)$ 在 D_R^+ 内一致收敛于 $f(s, \lambda)$.

证明：设生成多项式 $v_k(\lambda)$，$v_{k+1}(\lambda)$ 分别为

$$v_k(\lambda) = (\lambda - \lambda_1)(\lambda - \lambda_2) \cdots (\lambda - \lambda_k),$$

$$v_{k+1}(\lambda) = (\lambda - \lambda_1)(\lambda - \lambda_2) \cdots (\lambda - \lambda_k)(\lambda - \lambda_{k+1}),$$

则由式 $(2.1.9)$，知

$$\tilde{v}_k(\lambda) = (1 - \lambda\lambda_1)(1 - \lambda\lambda_2) \cdots (1 - \lambda\lambda_k),$$

$$\tilde{v}_{k+1}(\lambda) = (1 - \lambda\lambda_1)(1 - \lambda\lambda_2) \cdots (1 - \lambda\lambda_{k+1}).$$

此定理分两步来证明. 首先要证明的是对所有的 k 在 D_R^+ 内都有

$B_i^{(k)} \geqslant 0$，接下来证明 $\lim\limits_{k \to \infty} B_i^{(k)} = 0$.

第 I 步：$v_k(\lambda)$ 所对应的 (4.2.7) 中的 $B_0^{(k)}$ 在 D_R^+ 内，有

$$B_0^{(k)} = \frac{b_0 \lambda^k}{\widetilde{v}_k(\lambda)} = \frac{(-1)^k \lambda_1 \lambda_2 \cdots \lambda_k \lambda^k}{\widetilde{v}_k(\lambda)} \geqslant 0 \qquad (4.2.12)$$

而 $v_{k+1}(\lambda)$ 所对应的 $B_0^{(k+1)}$ 在 D_R^+ 内，满足

$$B_0^{(k+1)} = \frac{b_0' \lambda^{k+1}}{\widetilde{v}_{k+1}(\lambda)} = \frac{(-1)^{k+1} \lambda_1 \lambda_2 \cdots \lambda_{k+1} \lambda^{k+1}}{\widetilde{v}_{k+1}(\lambda)} \geqslant 0 \quad (4.2.13)$$

比较 (4.2.12) 和 (4.2.13) 得

$$B_0^{(k+1)} = -\lambda_{k+1} \lambda B_0^{(k)} / (1 - \lambda \lambda_k) \qquad (4.2.14)$$

按照同样的方法有

$$B_k^{(k)} = 1 / \widetilde{v}_k(\lambda),$$

$$B_{k+1}^{(k+1)} = 1 / \widetilde{v}_{k+1}(\lambda) \qquad (4.2.15)$$

即

$$B_{k+1}^{(k+1)} = B_k^{(k)} / (1 - \lambda \lambda_k) \qquad (4.2.16)$$

定理 4.2.7 已经证明了

$$B_i^{(k)} = b_i \lambda^{k-i} / \widetilde{v}_k(\lambda) \geqslant 0 \qquad (4.2.17)$$

设

$$B_i^{(k+1)} = b_i' \lambda^{k+1-i} / \widetilde{v}_{(k+1)}(\lambda) \qquad (4.2.18)$$

其中 $b_i' = b_{i-1} - \lambda_{k+1} b_i$. 将 b_i' 代入 $B_i^{(k+1)}$ 中，再根据 (4.2.17)，(4.2.18) 和定理的条件就能推出

$$B_i^{(k+1)} = \frac{(b_{i-1} - \lambda_{k+1} b_i) \lambda^{k+1-i}}{\widetilde{v}_{(k+1)}(\lambda)}$$

$$= \frac{b_{i-1} \lambda^{k-i+1}}{(1-\lambda\lambda_k)\, \widetilde{v}_k(\lambda)} - \frac{b_i \lambda^{k-i+1} \lambda_{k+1}}{\widetilde{v}_{k+1}(\lambda)}$$

$$= \frac{B_{i-1}^{(k)} - \lambda_{k+1}\lambda B_i^{(k)}}{(1-\lambda\lambda_k)} \geqslant 0 \tag{4.2.19}$$

第Ⅱ步：用归纳法证明. 对于 $B_0^{(k)}$ 在 D_R^+ 内有

$$0 < B_0^{(k)} = \frac{(-1)^k \lambda_1 \lambda_2 \cdots \lambda_k \lambda^k}{(1-\lambda\lambda_1)(1-\lambda\lambda_2)\cdots(1-\lambda\lambda_k)} <$$

$$\frac{(-1)^k \lambda_1 \lambda_2 \cdots \lambda_k \lambda^k}{(-1)^{k-1} \lambda_1 \lambda_2 \cdots \lambda_{k-1} \lambda^{k-1}} = -\lambda\lambda_k,$$

根据 $\lim_{k\to\infty}\lambda_k = 0$ 及夹逼准则知：

$$\lim_{k\to\infty} B_0^{(k)} = 0.$$

整理(4.2.19)有

$$B_i^{(k+1)}(1-\lambda\lambda_k) = B_{i-1}^{(k)} - \lambda_{k+1}\lambda B_i^{(k)} \tag{4.2.20}$$

设

$$\lim_{k\to\infty} B_i^{(k)} = 0,$$

及

$$\lim_{k\to\infty} B_{i-1}^{(k)} = 0,$$

而

$$\lim_{k\to\infty} \lambda_{k+1} = 0, \ \lim_{k\to\infty}(1-\lambda\lambda_{k+1}) = 1.$$

从(4.2.20)可推出对所有的 k 满足

$$\lim_{k\to\infty} B_i^{(k+1)} = 0.$$

综合Ⅰ和Ⅱ发现 $B_i^{(k)}$ 均满足 Toeplitz 定理的三个收敛条件，定理

4.2.9 得证.

例 4.2.10 再观察例 4.1.3 其生成多项式为 $v_k(\lambda) = \left(\lambda + \dfrac{1}{k}\right)^k$,

它的零点是 $\lambda_i = -\dfrac{1}{k}$,显然满足

(i) $\lambda_i = -\dfrac{1}{k} \leqslant 0$, $i = 1, \cdots, k$

(ii) $\lim\limits_{k \to \infty} \lambda_i = 0$.

由定理 4.2.9 的列收敛充分条件可判断出,当 $k \to \infty$ 时,以 $v_k(\lambda) = \left(\lambda + \dfrac{1}{k}\right)^k$ 为生成多项式的函数值 Padé-型逼近 $(n + k/k)_f(s, \lambda)$ 在 D_R^+ 内一致收敛于 $f(s, \lambda)$.

注解:从泛函形式的误差公式着手来证明 FPTA 的收敛性确实比较复杂,但从 Toeplitz 定理来判断收敛性就比较容易,这一点从例 4.2.10 就可看出.

§4.3　函数值 Padé-型逼近的积分形式的收敛性定理

从本节开始,所讨论的 FPTA 的收敛性均从它的积分形式的误差公式 (2.4.6) 着手来研究 FPTA 的收敛性问题.

定理 4.3.1 设 $f(s, \lambda)$ 在区域 $D: \{\lambda \mid |\lambda| < R\}$ 内解析,则当 $m \to \infty$ 时,$f(s, \lambda)$ 的以 $v_n(\lambda)$ 为生成多项式的函数值 Padé-型逼近 $(m/n)_f(s, \lambda)$ 在 $\lambda \in D \setminus \{\lambda \mid \tilde{v}_n(\lambda) = 0\}$ 的任一紧子集 **K** 上一致地以几何速度收敛于 $f(s, \lambda)$,并且对任意的 $\lambda \in D \setminus \{\lambda \mid \tilde{v}_n(\lambda) = 0\}$,有

$$\lim_{m \to \infty} |f(s, \lambda) - (m/n)_f(s, \lambda)|^{\frac{1}{m}} < \frac{|\lambda|}{R}. \tag{4.3.1}$$

证明:任取 $\lambda \in \mathbf{K}$,$|\tilde{v}_n(\lambda)| \geqslant 0$,记 $R_0 = \max |\lambda| (\lambda \in \mathbf{K})$,任取 R' 满足 $R_0 < R' < R$.

由误差公式(2.4.6)得

$$| f(s, \lambda) - (m/n)_f(s, \lambda) |$$

$$= \left| \frac{1}{\widetilde{v}_n(\lambda)} \frac{1}{2\pi i} \int_{|t|=R'} \left(\frac{\lambda}{t} \right)^{m+1} \frac{\widetilde{v}_n(t) f(s, t)}{t - \lambda} dt \right|$$

$$\leqslant \frac{R'}{| \widetilde{v}_n(\lambda) |} \left| \frac{\lambda}{R'} \right|^{m+1} \max_{|t|=R'} \left| \frac{\widetilde{v}_n(t) f(s, t)}{t - \lambda} \right|$$

$$\leqslant \frac{1}{\epsilon} \frac{R'}{R' - R_0} \left(\frac{R_0}{R'} \right)^{m+1} \cdot \max_{|t|=R'} | \widetilde{v}_n(t) f(s, t) | \qquad (4.3.2)$$

因为 $R_0/R' < 1$，当 $m \to \infty$ 时，显然有

$$\left(\frac{R_0}{R'} \right)^{m+1} \to 0,$$

由式(4.3.2)知，定理的第一个结论成立，且有

$$\lim_{m \to \infty} | f(s, \lambda) - (m/n)_f(s, \lambda) |^{\frac{1}{m}} \leqslant \frac{| \lambda |}{R'} \qquad (4.3.3)$$

注意到 R' 是任意的，当 $R' \to R$ 时，即有(4.3.1). 定理证毕.

推论 4.3.2 特别地，若 D 中收敛半径 $R = \infty$，则当 $m \to \infty$ 时，$(m/n)_f(s, \lambda)$ 在 $\lambda \in C \backslash \{\lambda \mid \widetilde{v}_n(\lambda) = 0\}$ 的任一紧子集上一致地以几何速度收敛于 $f(s, \lambda)$，并且对任意的 $\lambda \in C \backslash \{\lambda : \widetilde{v}_n(\lambda) = 0\}$，有

$$\lim_{m \to \infty} | f(s, \lambda) - (m/n)_f(s, \lambda) |^{\frac{1}{m}} = 0 \qquad (4.3.4)$$

按照定理 4.1.2 同样的方法可以证明如下的定理 4.3.3.

定理 4.3.3 设 $f(s, \lambda)$ 在区域 $D = \{\lambda \mid | \lambda | < R\}$ 内是关于 λ 的亚纯函数，且 $f(s, \lambda)$ 在 D 内有 n_1 个极点，其阶数分别为 $\alpha_1, \alpha_2, \cdots,$ $\alpha_{n_1}, \sum\limits_{i=1}^{n_1} \alpha_i = n$，且满足 $0 < | \lambda_1 | \leqslant | \lambda_2 | \leqslant \cdots \leqslant | \lambda_{n_1} | < R.$ 令

$$v_n(\lambda) = (\lambda - \lambda_1)^{a_1}(\lambda - \lambda_2)^{a_2} \cdots (\lambda - \lambda_{n_1})^{a_{n_1}},$$

则当 $m \to \infty$ 时, $f(s, \lambda)$ 的以 $v_n(\lambda)$ 为分母的函数值 Padé -型逼近在域 $D\backslash\{\lambda \mid \lambda = \lambda_i, i = 1, 2, \cdots, n_i\}$ 的任一紧子集 **K** 上一致收敛于 $f(s, \lambda)$.

因为对任意固定的 k, 当 $n \to \infty$ 时, $(n+k/n)_f(s, \lambda)$ 的收敛性与 $(n-1/n)_f(s, \lambda)$ 的收敛性是一致的, 因此下面主要研究 $(n-1/n)_f(s, \lambda)$ 的收敛性问题.

定理 4.3.4 设幂级数 $f(s, \lambda)$ 在区域 $D = \{\lambda \mid |\lambda| < R\}$ 内解析, $\{v_n(\lambda)\}$ 为任一满足 $\{v_n(0) \neq 0, n = 0, 1, 2, \cdots\}$ 的 n 次多项式序列, 它在 D 中内闭一致收敛于 $v(\lambda)$, 则当 $n \to \infty$ 时, $f(s, \lambda)$ 的以 $v_n(\lambda)$ 为分母的函数值 Padé -型逼近 $(n-1/n)_f(s, \lambda)$ 在域 $D\backslash\{\lambda: v_n(\lambda) = 0\}$ 的任一紧子集 **K** 上以几何速度一致地收敛于 $f(s, \lambda)$, 并且对任给的 $\lambda \in D\backslash\{\lambda: v_n(\lambda) = 0\}$, 有

$$\lim_{n \to \infty} | f(s, \lambda) - (n-1/n)_f(s, \lambda) | \leqslant \frac{|\lambda|}{R} \qquad (4.3.5)$$

特别地, 如果 $f(s, \lambda)$ 是关于 λ 的整函数, 则 $(n-1/n)_f(s, \lambda)$ 在域 $D\backslash\{\lambda \mid v_n(\lambda) = 0\}$ 的任一紧子集 **K** 上一致地以几何速度收敛于 $f(s, \lambda)$, 并且对任给的 $\lambda \in D\backslash\{\lambda \mid v_n(\lambda) = 0\}$, 有

$$\lim_{n \to \infty} | f(s, \lambda) - (n-1/n)_f(s, \lambda) | = 0 \qquad (4.3.6)$$

证明: 因为 $\{v_n(\lambda)\}$ 在 D 中内闭一致收敛于 $v(\lambda)$, 所以 $v(\lambda)$ 在 D 内解析. 对任给的 $\lambda \in \mathbf{K}$, 有 $|v(\lambda)| \geqslant \varepsilon > 0$. 于是存在 N_1, 当 $n \geqslant N_1$ 时, 可设

$$| v_n(\lambda) | > \frac{\varepsilon}{2},$$

若记 $R_0 = \max |\lambda|$ $(\lambda \in \mathbf{K})$, 则当 $\lambda \in \mathbf{K}$ 时成立, 任取 R' 满足 $R_0 < R' < R$; 当 $\lambda \in \mathbf{K}$, $n \geqslant N_1$ 时, 由误差公式 (2.4.6), 得

$$| f(s, \lambda) - (n-1/n)_f(s, \lambda) |$$

$$= \left| \frac{1}{v_n(\lambda)} \frac{1}{2\pi i} \int_{|t|=R'} \left(\frac{\lambda}{t} \right)^n \frac{v_n(\lambda) f(s, \lambda)}{t - \lambda} dt \right|$$

$$\leqslant \frac{R'}{|v_n(\lambda)|} \left| \frac{\lambda}{R'} \right|^n \max_{|t|=R'} \left| \frac{v_n(\lambda) f(s, \lambda)}{t - \lambda} \right|$$

$$\leqslant \frac{2}{\varepsilon} \frac{R'}{R' - R_0} \left| \frac{\lambda}{R'} \right|^n \max_{|t|=R'} | v_n(\lambda) f(s, \lambda) | \qquad (4.3.7)$$

因为 $\{v_n(\lambda)\}$ 在 D 中内闭一致收敛于 $v(\lambda)$，于是存在 N_2，当 $n \geqslant N_2$ 时成立

$$\max_{|t|=R'} | v_n(\lambda) | \leqslant \max_{|t|=R'} | v(\lambda) | + 1,$$

从而当 $n \geqslant \max\{N_1, N_2\}$ 时，由 $(4.3.7)$ 得

$$| f(s, \lambda) - (n-1/n)_f(s, \lambda) |^{1/n}$$

$$\leqslant \frac{2}{\varepsilon} \frac{R'}{R' - R_0} \left(\frac{R_0}{R'} \right)^n (\max_{|t|=R'} | v(\lambda) | + 1) \max_{|t|=R'} | f(s, \lambda) |$$

$$(4.3.8)$$

因为 $R_0/R' < 1$，当 $n \to \infty$ 时上式右端趋于零，这样便证明了定理的第一部分.

又对于任给的 $\lambda \in \mathbf{K}$，$| v(\lambda) | \geqslant \varepsilon > 0$，类似于 $(4.3.7)$，可得

$$\lim_{n \to \infty} | f(s, \lambda) - (n-1/n)_f(s, \lambda) |^{1/n} \leqslant | \lambda | / R' \quad (4.3.9)$$

由 R' 的任意性知 $(4.3.5)$ 成立. 最后，若 $f(s, \lambda)$ 是整函数,则 $f(s, \lambda)$ 的幂级数的收敛半径 $R = \infty$,在 $(4.3.9)$ 中令 $R \to \infty$,式 $(4.3.6)$ 即得证.

§4.4 最佳 L_p 局部的拟函数值有理逼近一致收敛于函数值 Padé-型逼近

潘杰[18]已经证明了最佳 L_p 局部的拟函数值有理逼近在紧子

集上一致收敛于数量 Padé‐型逼近,本节将[18]的结果推广到 FPTA.

首先引进一些记号:

任意给定一个 n 次多项式 $V_n(\lambda)$,满足 $V_n(0) \neq 0$. 令

$$R_n^m(s, \lambda) = \left\{ \frac{P_m(s, \lambda)}{V_n(\lambda)} \middle| P_m(s, \lambda) \text{ 是关于 } \lambda \text{ 的 } m \text{ 次函数值多项式} \right\}$$

(4.4.1)

我们首先考虑 R_n^m 中的元素在 L_p 模意义下最佳逼近 $f(s, \lambda)$ 的问题,即在 R_n^m 中寻求一元素 $\hat{R}_n^m(\varepsilon, s, \lambda)$,使得

$$\left[\int_0^\varepsilon | f(s, \lambda) - \hat{R}_n^m(\varepsilon, s, \lambda) |^p d\lambda \right]^{\frac{1}{p}}$$

$$= \inf \left[\int_0^\varepsilon | f(s, \lambda) - \hat{R}_n^m(\varepsilon, s, \lambda) |^p d\lambda \right]^{\frac{1}{p}}$$

$$= \| f - R_n^m \|_{L_p[0, \varepsilon]}, \quad \hat{R}_n^m \in R_n^m$$

(4.4.2)

然后再研究当 $\varepsilon \to 0$ 时这些逼近元的渐近性态. 特别,如果当 $\varepsilon \to 0$ 时, $\hat{R}_n^m(\varepsilon, s, \lambda) \to R_n^m(s, \lambda) \in R_n^m$,则称 $\hat{R}_n^m(s, \lambda) \in R_n^m$ 是 $f(s, \lambda)$ 的最佳的局部拟函数值有理逼近,最后我们要证明,此时的 $\hat{R}_n^m(s, \lambda)$ 就是 $f(s, \lambda)$ 的以 $V_n(\lambda)$ 为分母的函数值 Padé‐型逼近 $(m/n)_f(s, \lambda)$.

引理 4.4.1[2] 设 $P_n(\lambda) = \sum_{k=0}^n a_k \lambda^k$,若 $| P_n(\lambda) | \leqslant M, 0 \leqslant \lambda \leqslant r \leqslant 1$, a_k 是常数,则存在一个与 M 与 r 无关的常数 C,使得 $| a_k | r^k \leqslant MC, k = 0, 1, \cdots, n$.

引理 4.4.2 设 $P_n(s, \lambda) = \sum_{k=0}^n y_k(s) \lambda^k$,常数 $p \geqslant 1, 0 \leqslant \lambda \leqslant r \leqslant 1, y_k(s)$ 是[0, 1]上的连续函数,且

$$\left[\int_0^r \mid P_n(s, \lambda) \mid^p \mathrm{d}\lambda \right]^{\frac{1}{p}} \leqslant M \tag{4.4.3}$$

则存在一个与 M 与 r 无关的常数 C'，使得

$$\mid y_k(s) \mid r^{k+1} \leqslant MC', \quad k = 0, 1, \cdots, n.$$

证明: 第 **I** 步：$p = 1$，即 $\int_0^r \mid \sum_{k=0}^n y_k(s)\lambda^k \mid \mathrm{d}\lambda \leqslant M.$ 对任意的 $\lambda \in [0, r]$，因为

$$\left| \sum_{k=0}^n \frac{y_k(s)}{k+1}\lambda^{k+1} \right|$$

$$= \left| \int_0^\lambda \sum_{k=0}^n y_k(s)\lambda^k \mathrm{d}\lambda \right| \leqslant \int_0^\lambda \sum_{k=0}^n \mid y_k(s) \mid \lambda^k \mathrm{d}\lambda$$

$$\leqslant \int_0^\lambda \sum_{k=0}^n \mid y_k(s) \mid \lambda^k \mathrm{d}\lambda \leqslant M. \tag{4.4.4}$$

由引理 4.4.1，存在一个 M 和 r 无关的常数 C，$k = 0, 1, \cdots, n$，满足

$$\left| \frac{y_k(s)}{k+1} r^{k+1} \right| \leqslant CM, \quad k = 0, 1, \cdots, n.$$

由上式得

$$\mid y_k(s) \mid r^{k+1} \leqslant (k+1)CM = C'M, \ k = 0, 1, \cdots, n.$$

第 II 步： $p > 1$，由 Hölder 不等式及引理条件，有

$$\int_0^r \mid P_n(s, \lambda) \mid \mathrm{d}\lambda \leqslant r^{1-\frac{1}{p}}\left[\int_0^r \mid P_n(s, \lambda) \mid^p \mathrm{d}\lambda \right]^{\frac{1}{p}} \leqslant M,$$

再由 I 知

$$\mid y_k(s) \mid r^{k+1} \leqslant MC', \quad k = 0, 1, \cdots, n.$$

综合 I，II 知，引理 4.4.2 证毕.

定理 4.4.3 设 $f(s, \lambda) \in C^{(m+1)}[0, \varepsilon]$（关于 λ），$(m/n)_f(s, \lambda)$

是 $f(s, \lambda)$ 的以 $V_n(\lambda)$ 为分母的函数值 Padé-型逼近, $\hat{R}_n^m(\varepsilon, s, \lambda)$ 是 $f(s, \lambda)$ 在 $[0, \varepsilon]$ 区间上的最佳 L_p 局部的拟函数值有理逼近, 则当 $\varepsilon \to 0$ 时, $\hat{R}_n^m(\varepsilon, s, \lambda)$ 在使 $V_n(\lambda) \neq 0$ 的任一紧子集 **K** 上一致地收敛于 $(m/n)_f(s, \lambda)$.

证明: 因为 $\hat{R}_n^m(\varepsilon, s, \lambda)$ 与 $(m/n)_f(s, \lambda)$ 都是 (m, n) 阶函数值的有理函数, 由 $\hat{R}_n^m(\varepsilon, s, \lambda)$ 的极值性质, 存在一常数 M

$$\left[\int_0^\varepsilon \mid f(s, \lambda) - \hat{R}_n^m(\varepsilon, s, \lambda) \mid^p d\lambda \right]^{\frac{1}{p}} \leqslant$$

$$\left[\int_0^\varepsilon \mid f(s, \lambda) - (m/n)_f(s, \lambda) \mid^p d\lambda \right]^{\frac{1}{p}} \leqslant$$

$$\left[\int_0^\varepsilon (O(\lambda^m)) d\lambda \right]^{\frac{1}{p}} \leqslant M \varepsilon^{m+1+\frac{1}{p}} \tag{4.4.5}$$

从而有

$$\left[\int_0^\varepsilon \mid (m/n)_f(s, \lambda) - \hat{R}_n^m(\varepsilon, s, \lambda) \mid^p d\lambda \right]^{\frac{1}{p}} \leqslant$$

$$\left[\int_0^\varepsilon \mid f(s, \lambda) - \hat{R}_n^m(\varepsilon, s, \lambda) \mid^p d\lambda \right]^{\frac{1}{p}} + \tag{4.4.6}$$

$$\left[\int_0^\varepsilon \mid f(s, \lambda) - (m/n)_f(s, \lambda) \mid^p d\lambda \right]^{\frac{1}{p}} \leqslant 2M \varepsilon^{m+1+\frac{1}{p}}$$

令

$$\hat{R}_n^m(\varepsilon, s, \lambda) = \sum_{k=0}^m r_k(s, \varepsilon) \lambda^k / V_n(\lambda) \tag{4.4.7}$$

$$(m/n)_f(s, \lambda) = \sum_{k=0}^m y_k(s) \lambda^k / V_n(\lambda),$$

$$B(\varepsilon) = \inf_{0 \leqslant \lambda \leqslant \varepsilon} \mid V_n(\lambda) \mid.$$

显然，$B(\varepsilon)$ 是 ε 的不减函数，对任意充分接近的原点的 ε，存在常数 B，满足 $B(\varepsilon) \leqslant B$，因此在以下的证明过程中将 $B(\varepsilon)$ 记为 B，由 (4.4.6) 知

$$\left[\int_0^\varepsilon \sum_{k=0}^m | (r_k(s, \lambda) - y_k(s)) \lambda^k |^p d\lambda \right]^{\frac{1}{p}} \leqslant 2MB\varepsilon^{m+1+\frac{1}{p}}$$

(4.4.8)

再由引理 4.4.1 知存在常数 M'，有

$$| r_k(s, \varepsilon) - y_k(s) | \varepsilon^{k+1} \leqslant 2MB\varepsilon^{m+1+\frac{1}{p}}, \quad k = 0, 1, \cdots, m.$$

由于 ε 的任意性，再比较 $\hat{R}_n^m(\varepsilon, s, \lambda)$ 与 $(m/n)_f(s, \lambda)$ 各方幂的系数之间的关系知定理成立. 定理证毕.

第五章 退化的广义逆函数值 Padé 逼近的构造方法

§5.1 引言

设 $f(s, \lambda)$ 是一个给定的具有函数值系数的幂级数

$$f(s, \lambda) = y_0(s) + y_1(s)\lambda + y_2(s)\lambda^2 + \cdots + y_n(s)\lambda^n + \cdots$$

$$(5.1.1)$$

此处 $y_i(s) \in C[a, b]$, $i = 0, 1, 2, \cdots$, 设 $f(s, \lambda)$ 作为 λ 的函数在 $\lambda = 0$ 处解析.

由积分方程的理论可知, 对具有连续核或 L_2 核的第二类 Fredholm 积分方程的特征值可由形如式 (5.1.1) 的幂级数给出. 自 20 世纪 90 年代起, Graves - Morris[80] 引入了广义逆函数值 Padé 逼近 ($GIPA$) 来加速幂级数 (5.1.1) 的收敛和估计积分方程的特征值.

定义 5.1.1 [80] 关于给定幂级数 (5.1.1), 型为 $[n/2k]$ 的广义逆函数值 Padé 逼近定义为如下的有理函数

$$R(s, \lambda) = P(s, \lambda)/Q(\lambda)$$

$$(5.1.2)$$

其中 $P(s, \lambda)$ 是关于 λ 的函数值多项式, $Q(\lambda)$ 是关于 λ 的数量多项式, 满足下列条件:

(i) $\deg\{P(s, \lambda)\} \leqslant n - \alpha$, $\deg\{Q(\lambda)\} = 2k - 2\alpha$;

(ii) $Q(\lambda) \mid \|P(s, \lambda)\|^2$;

(iii) $Q(\lambda) = Q^*(\lambda)$. 此处 $Q^*(\lambda)$ 为 $Q(\lambda)$ 的共轭函数;

(iv) $Q(0) \neq 0$;

(v) $Q(\lambda)f(s, \lambda) - P(s, \lambda) = O(\lambda^{n+1})$.

式中 λ 是实数. 条件(ii)意味着存在一个数量多项式 $q(\lambda)$ 使得 $Q(\lambda)q(\lambda) = \| P(s, \lambda) \|^2$. 而(ii)中的函数值多项式的范数为

$$\| P(s, \lambda) \|^2 = \int_a^b | P(s, \lambda) |^2 \mathrm{d}s.$$

注意到在上面的定义中 $\deg\{P(s, \lambda)\}$ 仅仅与 λ 有关. 对 $g(s, \lambda) \in L_2(a, b)$, 定义函数值的广义逆如下

$$g(s, \lambda)^{(-1)} = 1/g(s, \lambda) = g(s, \lambda)/ \| g(s, \lambda) \|^2 \quad (5.1.3)$$

Graves-Morris 指出, 对定义 5.1.1 中的 $GIPA$ 的分子 $P(s, \lambda)$, 可由下式给出

$$P(s, \lambda) = [Q(\lambda)f(s, \lambda)]_0^n,$$

其中 $[..]_0^n$ 表示关于从常数项到次数为 λ^n 项的截断多项式.

在 Graves-Morris 工作的基础上, 顾传青, 李春景在文[92, 93, 95, 113]首先拓展了广义逆函数值 Padé 逼近方法的定义, 给出了复广义逆函数值 Padé 逼近($CGIPA$)的定义 5.1.2, 然后建立了 $CGIPA$ 的完整的行列式计算公式和三个有效的递推算法, 并且证明了 $CGFPA$ 的收敛性和存在唯一性, 讨论了 $CGIPA$ 若干代数性质, 给出了 $CGIPA$ 在积分方程上的应用.

定义 5.1.2 [93] 设 $f(s, \lambda)$ 是一个给定的具有函数值系数的形式幂级数(5.1.1), 其中 $y_j(s)$ 是一个定义在区间 (a, b) 上关于 s 的实函数或复函数, λ 为实变量, 假定 $f(s, \lambda)$ 作为 λ 的函数在 $\lambda = 0$ 处是解析的. 关于给定幂级数(5.1.1)的型为 $[n/2k]$ 复广义逆函数值 Padé 逼近(简记为 $CGIPA$)定义为如下的有理函数:

$$R(s, \lambda) = P(s, \lambda)/Q(\lambda),$$

其中 $P(s, \lambda), Q(\lambda)$ 是关于 λ 的复系数多项式, 且 $P(s, \lambda), Q(\lambda)$ 满足下列条件:

(i) $\deg\{P(s, \lambda)\} \leqslant n$, $\deg\{Q(\lambda)\} = 2k$;

(ii) $Q(\lambda) \mid \| P(s, \lambda) \|^2$;

(iii) $Q(\lambda) = Q^*(\lambda)$. 此处 $Q^*(\lambda)$ 为 $Q(\lambda)$ 的共轭函数;

(iv) $Q(\lambda) f(s, \lambda) - P(s, \lambda) = O(\lambda^{n+1})$, $Q(0) \neq 0$.

式(ii)中的范数定义为

$$\| P(s, \lambda) \|^2 = \int_a^b P(s, \lambda) P^*(s, \lambda) \mathrm{d}s.$$

特别作为 s 的函数, $g(s, \lambda) \in L_2(a, b)$, 定义函数值的广义逆如下

$$g(s, \lambda)^{(-1)} = 1/g(s, \lambda) = g(s, \lambda)^* / \| g(s, \lambda) \|^2 \quad (5.1.4)$$

从上面的两个定义可以看出,在定义中都要求 $Q(0) \neq 0$ 且 $Q(\lambda)$ 是偶数次多项式. 而对于退化的情形,如 $Q(0) = 0$, 或者 $Q(\lambda)$ 是奇数次多项式时,如何去构造广义逆函数值 Padé 逼近,这在以前的文献中均未涉及. 本文就是在退化的向量 Padé 逼近[85]的基础上,给出了如下的结果:

● 给出了幂级数 $f(s, \lambda)$ 扩充的广义逆函数值 Padé 逼近(EGIPA)的定义,证明了在这种扩充定义下广义逆函数值 Padé 逼近是唯一的. 这个定义事实上是扩大了广义逆函数值 Padé 逼近的范围.

● 在退化的情形下,给出了广义逆函数值 Padé 逼近的存在条件,并构造了在各种退化的情形下型为 $[n-\sigma/2k-2\sigma]$ 的广义逆函数值 Padé 逼近式.

● 分析了在退化的情形下,扩充的广义逆函数值 Padé 逼近(EGIPA)表的元素具有正方形的块状结构,即在正方形的区域内所有的 EGIPA 元素是相等的.

§5.2 扩充的广义逆函数值 Padé 逼近的定义及唯一性

设 $f(s, \lambda)$ 是一个给定的具有函数值系数的形式幂级数(5.1.1),

其中 $y_j(s)$ 是一个定义在区间 (a, b) 上关于 s 的实函数或复函数，λ 为实变量，假定 $f(s, \lambda)$ 作为 λ 的函数在 $\lambda=0$ 处是解析函数.

定义 5.2.1 称 $P(s, \lambda)$，$Q(\lambda)$ 为关于给定幂级数 (5.1.1) 的型为 $[n/2k]$ 的广义逆函数值 Padé 多项式，其中 $P(s, \lambda)$，$Q(\lambda)$ 满足下列条件：

(i) $\deg\{P(s, \lambda)\} \leqslant n-\alpha$, $\deg\{Q(\lambda)\} = 2k - 2\alpha$ (5.2.1)

(ii) $Q(\lambda) \mid \; \| P(s, \lambda) \|^2$ (5.2.2)

(iii) $Q(\lambda) = Q^*(\lambda)$ (5.2.3)

(iv) $Q(0) \neq 0 \; (\beta = 0)$ 或 $Q(\lambda) = \lambda^{2\beta} \widetilde{Q}(0) \; (\widetilde{Q}(0) \neq 0)$ (5.2.4)

(v) $Q(\lambda) f(s, \lambda) - P(s, \lambda) = O(\lambda^{n+\beta+1})$ (5.2.5)

式中 λ 是实数，"$*$" 表示复共轭，$P(s, \lambda)$ 是关于 λ 的函数值多项式，$Q(\lambda)$ 是关于 λ 的数量多项式，特别作为 s 的函数，$P(s, \lambda) \in L_2(a, b)$. 条件 (ii) 意味着存在一个数量多项式 $q(\lambda)$ 使得 $Q(\lambda)q(\lambda) = \| P(s, \lambda) \|^2$，而 (5.2.2) 中的函数值多项式的范数为

$$\| P(s, \lambda) \|^2 = \int_a^b P(s, \lambda)P^*(s, \lambda)\mathrm{d}s.$$

注意到在上面的定义中 $\deg\{P(s, \lambda)\}$ 仅仅与 λ 有关. 特别要指出的是对 $G(s,\lambda) \in L_2(a, b)$，此处定义了函数值的广义逆如下：

$$G(s,\lambda)^{-1} = 1/G(s,\lambda) = G(s,\lambda)^* / \| G(s, \lambda) \|^2. \quad (5.2.6)$$

定义 5.2.2 若 $(P(s, \lambda)$，$Q(\lambda))$ 是幂级数 $f(s, \lambda)$ 的型为 $[n/2k]$ 广义逆函数值 Padé 多项式，则称有理函数

$$R(s, \lambda) = P(s, \lambda)/Q(\lambda) \quad (5.2.7)$$

为幂级数 $f(s, \lambda)$ 的型为 $[n/2k]$ 扩充的广义逆函数值 Padé 逼近 (EGIPA).

定义 5.2.3 设 $R(s, \lambda) = P(s, \lambda)/Q(\lambda)$ 是幂级数 $f(s, \lambda)$ 型为

$[n/2k]$ 的 *EGIPA*，若

$$Q(0) \neq 0,$$

则称 $R(s, \lambda)$ 为 $[n/2k]$ 型广义逆函数值 Padé 逼近(*GIPA*).

特别要指出的是本文所给出的定义 5.2.2 与定义 5.1.1、5.1.2 之间的联系，体现在如下几个方面：

注解 1：定义 5.2.2 中包含了 $Q(\lambda) = \lambda^{2\beta} \widetilde{Q}(0)$，$\widetilde{Q}(0) \neq 0$，即扩充广义逆函数值的 Padé 逼近的范围.

注解 2：若定义 5.2.1 中($\beta=0$)，则定义 5.2.3 所给出的广义函数值 Padé 逼近与定义 5.1.1 和定义 5.1.2 基本吻合(在不考虑实函数与复函数区别的情况下).

注解 3：定义 5.2.1 中条件(υ)意味着逼近阶达到 $O(\lambda^{n+\beta+1})$，这在一定程度上比定义 5.1.1 及定义 5.1.2 逼近阶高很多.

定理 5.2.4 若 $R_i(s, \lambda) = P_i(s, \lambda)/Q_i(\lambda)$，$i = 1, 2$ 是幂级数 $f(s, \lambda)$ 型为 $[n/2k]$ 的两个不同的 *EGIPA*，则

$$P_1(s, \lambda)Q_2(\lambda) = P_2(s, \lambda)Q_1(\lambda).$$

证明：设 $(P_i(s, \lambda), Q_i(\lambda))$，$i = 1, 2$ 是幂级数 $f(s, \lambda)$ 型为 $[n/2k]$ 的两个不同的广义逆函数值 Padé 多项式. 它们分别有相对应的参数 $\alpha_i, \beta_i, i = 1, 2$，即满足

$$P_1(s, \lambda) - Q_1(\lambda)f(s, \lambda) = O(\lambda^{n+\beta_1+1}) \quad (5.2.8)$$

$$P_2(s, \lambda) - Q_2(\lambda)f(s, \lambda) = O(\lambda^{n+\beta_2+1}) \quad (5.2.9)$$

则根据定义 5.2.1 中的(5.2.5)一定存在数量多项式 $Q_{b_1}(\lambda)$，$Q_{b_2}(\lambda)$ 满足下面等式：

$$Q_{b_1}(\lambda) = \lambda^{-2\beta_1} Q_1(\lambda) \quad (5.2.10)$$

$$Q_{b_2}(\lambda) = \lambda^{-2\beta_2} Q_2(\lambda) \quad (5.2.11)$$

其中

$$Q_{b_1}(0) \neq 0, \quad Q_{b_2}(0) \neq 0.$$

令

$$\alpha = \min(\alpha_1, \alpha_2), \quad \beta = \min(\beta_1, \beta_2),$$

$$F(s, \lambda) = P_1(s, \lambda)Q_2(\lambda) - P_2(s, \lambda)Q_1(\lambda),$$

其中 α, β 为非负的整数,$F(s, \lambda)$ 为函数值多项式. 由(5.2.1),(5.2.8)和(5.2.9),得到

$$\deg\{F\} \leqslant n + 2k - \alpha_1 - \alpha_2 - \alpha,$$

且

$$F(s, \lambda) = O(\lambda^{n+\beta_1+\beta_2+\beta+1}).$$

令函数值多项式

$$V(s, \lambda) = F(s, \lambda)\lambda^{-n-\beta_1-\beta_2-\beta-1},$$

显然它的关于 λ 的次数满足:

$$\deg\{V\} \leqslant 2k - \alpha_1 - \alpha_2 - \alpha - \beta - \beta_1 - \beta_2 - 1 \quad (5.2.12)$$

定义 5.2.1 中的整除条件意味着

$$Q_1(\lambda)Q_2(\lambda) \mid \| F(s, \lambda) \|^2,$$

所以有

$$Q_{b1}(\lambda)Q_{b2}(\lambda) \mid \| V(s, \lambda) \|^2 \quad (5.2.13)$$

由 (5.2.1),(5.2.10)和 (5.2.11),推出

$$\deg\{Q_{b1}(\lambda)\} + \deg\{Q_{b2}(\lambda)\} = 4k - 2\alpha_1 - 2\alpha_2 - 2\beta_1 - 2\beta_2$$
$$(5.2.14)$$

式(5.2.14)与(5.2.12),(5.2.13)是矛盾的,即

$$F(s, \lambda) \equiv 0.$$

这样我们就证明了 $P_1(s, \lambda)Q_2(\lambda) = P_2(s, \lambda)Q_1(\lambda)$. 定理证毕.

§5.3 广义逆函数值 Padé 逼近的线性方程组建立

下面的证明部分是参照[93]，主要是为了后面在构造退化的广义逆函数值 Padé 逼近时需要引用下面证明中所用的等式及记号.

定理 5.3.1 设 $(P(s, \lambda), Q(\lambda))$ 分别满足下列条件：

(i) $\deg\{P(s, \lambda)\} \leqslant n$, $\deg\{Q(\lambda)\} \leqslant 2k$ (5.3.1)

(ii) $Q(\lambda) \mid \parallel P(s, \lambda) \parallel^2$ (5.3.2)

(iii) $Q(\lambda) = Q^*(\lambda)$ (5.3.3)

(iv) $Q(\lambda)f(s, \lambda) - P(s, \lambda) = O(\lambda^{n+1})$ (5.3.4)

则 $Q(\lambda)$ 的系数满足如下的方程组

$$
\begin{pmatrix}
0 & L_{01} & L_{02} & \cdots & L_{0, 2k-1} & L_{0, 2k} \\
L_{10} & 0 & L_{12} & \cdots & L_{1, 2k-1} & L_{1, 2k} \\
L_{20} & L_{21} & 0 & \cdots & L_{2, 2k-1} & L_{2, 2k} \\
\vdots & \vdots & \vdots & \ddots & \vdots & \vdots \\
L_{2k, 0} & L_{2k, 1} & L_{2k, 2} & \cdots & \cdots & 0
\end{pmatrix}
\begin{pmatrix}
Q_{2k} \\
Q_{2k-1} \\
\vdots \\
Q_1 \\
Q_0
\end{pmatrix} = 0
$$

    (5.3.5)

其中

$$
L_{ij} = \sum_{l=0}^{j-i-1} \int_a^b y_{l+i+n-2k+1}(s) \cdot y_{j-l+n-2k}^*(s)\mathrm{d}s, \quad j \geqslant i,
$$

$$
L_{ij} = -L_{ij}, \quad j < i,
$$

这里 $y_l^*(s)$ 是 $y_l(s)$ 的复共轭.

证明：设 $(P(s, \lambda), Q(\lambda))$ 中函数值多项式和实数量多项式分别为

$$
Q(\lambda) = Q_0 + Q_1\lambda + \cdots + Q_{2k}\lambda^{2k} \tag{5.3.6}
$$

和

$$P(s, \lambda) = P_0(s) + P_1(s)\lambda + \cdots + P_n(s)\lambda^n \qquad (5.3.7)$$

用

$$G_n(s, \lambda) = \left[f(s, \lambda) \right]_0^n$$

表示 $f(s, \lambda)$ 的 Maclaurin 截断式,由(5.3.4)可知成立

$$P(s, \lambda) = \left[Q(\lambda) f(s, \lambda) \right]_0^n = \left[G_n(s, \lambda) Q(\lambda) \right]_0^n \qquad (5.3.8)$$

由式(5.3.6)和式(5.3.7)表明 $\| P(s, \lambda) \|^2 / Q(\lambda)$ 是一个次数关于 λ 的 $2n-2k$ 的多项式,并满足

$$\left[\| P(s, \lambda) \|^2 / Q(\lambda) \right]_{2n-2k+1}^{2n+1} = 0 \qquad (5.3.9)$$

$$Q(\lambda) u(\lambda) = \| P(s, \lambda) \|^2, \quad \deg\{u(\lambda)\} \leqslant 2n - 2k \qquad (5.3.10)$$

定义一个数量多项式 $U(\lambda)$ 如下:

$$U(\lambda) = \int_a^b \left[P^*(s, \lambda) \cdot G_n(s, \lambda) + G_n^*(s, \lambda) \cdot \right.$$

$$\left. P(s, \lambda) - Q(\lambda) \| G_n(s, \lambda) \|^2 \right] ds \qquad (5.3.11)$$

根据式(5.3.4)的逼近条件,有

$$\int_a^b \{ P^*(s, \lambda) - G_n^*(s, \lambda) Q(\lambda) \} \cdot \{ P(s, \lambda) - $$

$$G_n(s, \lambda) Q(\lambda) \} ds = O(\lambda^{2n+2}) \qquad (5.3.12)$$

将式(5.3.10)的第一个等式代入,展开上式,得到

$$Q(\lambda) \left\{ u(\lambda) - \int_a^b \left[P^*(s, \lambda) \cdot G_n(s, \lambda) + G_n^*(s, \lambda) \cdot \right. \right.$$

$$\left. \left. P(s, \lambda) - Q(\lambda) \| G_n(s, \lambda) \|^2 \right] ds \right\} = O(\lambda^{2n+2})$$

$$(5.3.13)$$

结合(5.3.10)，(5.3.11)和(5.3.13)，推出

$$u(\lambda) = \big[U(\lambda)\big]_0^{2n-2k} \qquad (5.3.14)$$

$$\int_a^b \big[P^*(s,\lambda)\cdot G_n(s,\lambda)+G_n^*(s,\lambda)\cdot P(s,\lambda)-$$

$$Q(\lambda)\parallel G_n(s,\lambda)\parallel^2\big]_{2n-2k+1}^{2n+1}\mathrm{d}s = 0 \qquad (5.3.15)$$

由式(5.3.7)和(5.3.8)，可见式(5.3.15)是一个关于分母多项式的 $2k+1$ 个系数 $Q_0,Q_1,\cdots,Q_{2k}$ 的线性方程，它可以被表示为

$$\sum_{j=0}^{2k} L_{ij}Q_{2k-j}=0, i=0,1,\cdots,2k-1,$$

$$\sum_{j=0}^{2k} L_{2k,j}Q_{2k-j}=0 \qquad (5.3.16)$$

式(5.3.16)中 Q_{2k-j} 的系数为 L_{ij}，由式(5.3.5)给出. 等式(5.3.16)构成了一个关于 $Q_0,Q_1,\cdots,Q_{2k}$ 为未知数的齐次线性方程组，可以表达为(5.3.5). 再在式(5.3.16)中应用(5.3.6)，由 Cramer 法则能得到如下的简洁的分母行列式表达式：

$$Q(\lambda)=\begin{vmatrix} 0 & L_{01} & L_{02} & \cdots & L_{0,2k-1} & L_{0,2k} \\ L_{10} & 0 & L_{12} & \cdots & L_{1,2k-1} & L_{1,2k} \\ L_{20} & L_{21} & 0 & \cdots & L_{2,2k-1} & L_{2,2k} \\ \vdots & \vdots & \vdots & \ddots & \vdots & \vdots \\ L_{2k-1,0} & L_{2k-1,1} & L_{2k-1,2} & \cdots & 0 & L_{2k-1,2k} \\ \lambda^{2k} & \lambda^{2k-1} & \lambda^{2k-2} & \cdots & \lambda & 1 \end{vmatrix}$$

$$(5.3.17)$$

定理 5.3.2 （存在性定理）若 $Q(\lambda)$ 是满足(5.3.17)所确定的多项式，且

$$Q(0)\neq 0,$$

则

(1) $(P(s,\lambda), Q(\lambda))$ 是幂级数 $f(s,\lambda)$ 的型为$[n/2k]$的广义逆函数值 Padé 多项式；

(2) $R(s,\lambda) = P(s,\lambda)/Q(\lambda)$ 是幂级数 $f(s,\lambda)$ 的型为$[n/2k]$的 GIPA.

证明: $Q(0) \neq 0$，即意味着式(5.2.4)中的 $\beta = 0$. 从定理 5.3.1 的证明过程中我们可以看出 $P(s,\lambda), Q(\lambda)$ 都分别满足定义 5.2.1 中的(ii)—(v).下面只需证明定义 5.2.1 中的(i).

反证法来证明.

假定 $Q(\lambda)$ 是奇数次多项式，又因为 $Q(\lambda)$ 是一个实数量多项式，所以 $Q(\lambda)$ 一定有一个 $\lambda = \lambda_0$ 实根，并且显然有 $\lambda_0 \neq 0$. 再由定义 5.2.1 中的整除条件(ii)，则一定有 $P(s,\lambda_0) = 0$. 为此，下面可以定义另外两个多项式 $\dot{P}(s,\lambda)$ 和 $\dot{Q}(\lambda)$：

$$\dot{P}(s,\lambda) = \frac{P(s,\lambda)}{\lambda - \lambda_0}, \quad \dot{Q}(\lambda) = \frac{Q(\lambda)}{\lambda - \lambda_0}.$$

于是 $\dot{P}(s,\lambda), \dot{Q}(\lambda)$ 满足定理 5.3.1 的结论，其中 $\dot{Q}(\lambda)$ 是偶数次多项式，且 $(\dot{P}(s,\lambda), \dot{Q}(\lambda))$ 是幂级数 $f(s,\lambda)$ 型为$[n/2k]$的广义逆函数值 Padé 多项式.

另一方面，方程组(5.3.5)中的前 $2k$ 分量又可以改写为

$$\begin{bmatrix} 0 & L_{01} & L_{02} & \cdots & L_{0,2k-1} \\ L_{10} & 0 & L_{12} & \cdots & L_{1,2k-1} \\ L_{20} & L_{21} & 0 & \cdots & L_{2,2k-1} \\ \vdots & \vdots & \vdots & \ddots & \vdots \\ L_{2k-1,0} & L_{2k-1,1} & L_{2k-1,2} & \cdots & 0 \end{bmatrix} \begin{bmatrix} Q_{2k} \\ Q_{2k-1} \\ Q_{2k-2} \\ \vdots \\ Q_1 \end{bmatrix} = -Q_0 \begin{bmatrix} L_{0,2k} \\ L_{1,2k} \\ L_{2,2k} \\ \vdots \\ L_{2k-1,2k} \end{bmatrix}$$

$$(5.3.18)$$

不难发现，$Q(0) \neq 0$ 就意味着 (5.3.18) 的左边行列式不等于零，所以方程组 (5.3.18) 存在唯一解. 从前面的说明可以看出 $Q(\lambda)$，$\dot{Q}(\lambda)$ 均是 (5.3.18) 的独立解，矛盾.

设

$$\deg\{Q(\lambda)\} = 2k - 2\alpha,$$

由式 (5.3.10)，推出

$$\deg\{P(s, \lambda)\} \leqslant (n - \alpha),$$

这样 $(P(s, \lambda), Q(\lambda))$ 满足定义 5.2.3 中的所有条件. 所以，$P(s, \lambda)/Q(\lambda)$ 是幂级数 $f(s, \lambda)$ 的型为 $[n/2k]$ 的 GIPA.

例 5.3.3 设第二类 Fredholm 积分方程为

$$\phi(s) = \frac{s}{6} + \lambda \int_0^1 (2s - t)\phi(t)\mathrm{d}t \tag{5.3.19}$$

积分方程的解的幂级数展开式：

$$f(s, \lambda) = \phi(s) = \frac{s}{6} + \frac{6s - 2}{36}\lambda + \frac{2s - 1}{36}\lambda^2 - \frac{1}{216}\lambda^3 + \frac{1 - 4s}{432}\lambda^4 + \cdots$$

$$\tag{5.3.20}$$

验证式 (5.3.17)，由于

$$Q_2(0) = \begin{vmatrix} 0 & \int_0^1 [y_1(s)]^2 \mathrm{d}s & 2\int_0^1 y_1(s)y_2(s)\mathrm{d}s \\ -\int_0^1 [y_1(s)]^2 \mathrm{d}s & 0 & \int_0^1 [y_2(s)]^2 \mathrm{d}s \\ 0 & 0 & 1 \end{vmatrix} \neq 0,$$

所以积分方程逼近解的 GIPA 是存在的. 由式 (5.3.17)，计算出 $f(s, \lambda)$ 的型 [2/2] 的 GIPA 分母

$$Q_2(\lambda) = \begin{vmatrix} 0 & \int_0^1 [y_1(s)]^2 \mathrm{d}s & 2\int_0^1 y_1(s)y_2(s)\mathrm{d}s \\ -\int_0^1 [y_1(s)]^2 \mathrm{d}s & 0 & \int_0^1 [y_2(s)]^2 \mathrm{d}s \\ \lambda^2 & \lambda & 1 \end{vmatrix}$$

$$= 6(\lambda^2 - 6\lambda + 12),$$

由式(5.3.8)，计算出的 $f(s, \lambda)$ 的型 $[2/2]$ 的 $GIPA$ 的分子为

$$P_2(s, \lambda) = [Q_2(\lambda)f(s, \lambda)]_0^2 = -s\lambda^2 + (6s - 4)\lambda + 12s,$$

得积分方程(5.3.19)的型为 $[2/2]_f(s, \lambda)$ 逼近解

$$[2/2]_f = \frac{P_2(s, \lambda)}{Q_2(\lambda)} = \frac{-s\lambda^2 + (6s - 4)\lambda + 12s}{6(\lambda^2 - 6\lambda + 12)}.$$

式中 $[2/2]_f(s, \lambda)$ 易验证：

(i) $\deg\{P(s, \lambda)\} = 2$, $\deg\{Q(\lambda)\} = 2$；

(ii) $Q(\lambda) \mid \|P(s, \lambda)\|^2$；

(iii) $P(s, \lambda) - f(s, \lambda)Q(\lambda) = O(\lambda^3)$.

§5.4　退化的广义逆函数值 Padé 逼近的构造

在前面的讨论中一直假设分母多项式 $Q(\lambda)$ 的次数是偶数次的，且 $Q(\lambda)$ 要么没有零根，要么 $Q(\lambda)$ 有偶数个零重根，即

$$Q(\lambda) = \lambda^{2\beta} \widetilde{Q}(\lambda), \quad \widetilde{Q}(0) \neq 0.$$

对于其他的情形，以前的文献关于这方面的研究均未曾涉及. 而这种情形的讨论在理论上和实际上又具有很重要的价值，因此我们接下来就构造这种形式的广义逆函数值 Padé 逼近. 首先，给出退化的定义，然后构造幂级数 $f(s, \lambda)$ 退化的广义逆函数值 Padé 逼近，即型为 $[n-\sigma/2k-2\sigma]$ 的 $GIPA$，并通过实例加以说明.

定义 5.4.1　如果方程组(5.3.5)所确定的分母多项式 $Q(\lambda)$ 是奇次多项式,或者 $Q(\lambda)$ 有奇数重零根,则称这种逼近为退化的广义逆函数值 Padé 逼近.

例如　若由方程组(5.3.5)所确定的 $Q(\lambda)=\lambda+3\lambda^2$,有 $Q(0)=0$ 及 $\beta=1$. 显然它不满足定义 5.2.1 的(iv),它属于退化的情形.

例如　若由方程组(5.3.5)所确定的 $Q(\lambda)=1+\lambda+3\lambda^2+\lambda^3$,尽管 $Q(0)\neq 0$,但 $\deg\{Q\}=3$. 显然,它不满足定义 5.2.1 中的(i),它也属于退化的情形.

下面就来构造退化情形下的 GIPA,其中构造过程分成两步.

设
$$Q(\lambda)=Q_0+Q_1\lambda+\cdots+Q_{2k}\lambda^{2k} \qquad (5.4.1)$$

第 I 步　如果 $Q_0=0$,定义数 γ

$$Q_0=Q_1=\cdots=Q_{\gamma-1}=0\neq Q_\gamma,$$

否则,若 $Q_0\neq 0$,取 $\gamma=0$. 定义数 σ 如下:

$$\sigma=\left[\frac{\gamma+1}{2}\right] \qquad (5.4.2)$$

如果 $Q(\lambda)$ 是由线性方程组(5.3.5)所确定,则第三节的主要结果如下:

$$P(s,\lambda)-Q(\lambda)f(s,\lambda)=O(\lambda^{n+1}) \qquad (5.4.3)$$

$$u(\lambda)=\int_a^b\big[P(s,\lambda)G_n^*(s,\lambda)+P^*(s,\lambda)G_n(s,\lambda)-$$

$$Q(\lambda)G_n(s,\lambda)G_n^*(s,\lambda)\big]_0^{2n}ds \qquad (5.4.4)$$

$$Q(\lambda)u(\lambda)=\|P(s,\lambda)\|^2=\int_a^b P(s,\lambda)P^*(s,\lambda)ds$$

$$(5.4.5)$$

为了处理退化的情况,首先引进三个不可约多项式 $Q_\gamma(\lambda)$, $P_\gamma(\lambda)$, $u_\gamma(\lambda)$.

$$Q_\gamma(\lambda) = \lambda^{-\gamma}Q(\lambda),$$

$$P_\gamma(s,\lambda) = \lambda^{-\gamma}P(s,\lambda),$$

$$u_\gamma(\lambda) = \lambda^{-\gamma}u(\lambda) \tag{5.4.6}$$

由(5.4.3),(5.4.4)及(5.4.5)可推出

$$P_\gamma(s,\lambda) - Q_\gamma f(s,\lambda) = O(\lambda^{n-\gamma+1}) \tag{5.4.7}$$

$$u_\gamma(\lambda) = \int_a^b [P_\gamma(s,\lambda)G_n^*(s,\lambda) + P_\gamma^*(s,\lambda)G_n(s,\lambda) -$$

$$Q_\gamma(\lambda)G_n(s,\lambda)G_n^*(s,\lambda)]_0^{2n-\gamma} \,\mathrm{d}s \tag{5.4.8}$$

$$\int_a^b (P_\gamma(s,\lambda) \cdot P_\gamma^*(s,\lambda))\mathrm{d}s = Q_\gamma(\lambda)u_\gamma(\lambda) \tag{5.4.9}$$

再根据(5.4.8)和(5.4.9),得到

$$\int_a^b [P_\gamma(s,\lambda) - Q_\gamma(\lambda)G_n(s,\lambda)][P_\gamma^*(s,\lambda) - Q_\gamma(\lambda)G_n^*(s,\lambda)]\mathrm{d}s$$

$$= Q_\gamma(\lambda)\Big\{ u_\gamma(\lambda) - \int_a^b [P_\gamma(s,\lambda)G_n^*(s,\lambda) + P_\gamma^*(s,\lambda)G_n(s,\lambda) -$$

$$Q_\gamma(\lambda)G_n(s,\lambda)G_n^*(s,\lambda)]\mathrm{d}s \Big\}$$

$$= O(\lambda^{2n-\gamma+1}) \tag{5.4.10}$$

第Ⅱ步

(i)如果 $\deg\{Q_\gamma\}$ 是偶数,令

$$\hat{Q}(\lambda) = Q_\gamma(\lambda), \quad \hat{P}(s,\lambda) = P_\gamma(s,\lambda), \quad \hat{u}(\lambda) = u_\gamma(\lambda) \tag{5.4.11}$$

(ii) 如果 $\deg\{Q_\gamma\}$ 是奇数,则一定存在一个实根 $\lambda=\hat{\lambda}$,则令

$$\hat{Q}(\lambda) = \frac{Q_\gamma(\lambda)}{\lambda-\hat{\lambda}}, \quad \hat{P}(s,\lambda) = \frac{P_\gamma(s,\lambda)}{\lambda-\hat{\lambda}}, \quad \hat{u}(\lambda) = \frac{u_\gamma(\lambda)}{\lambda-\hat{\lambda}} \tag{5.4.12}$$

显然，这样所得到的 $\hat{Q}(\lambda)$，$\hat{P}(s, \lambda)$ 都是关于 λ 的多项式，并且分母多项式 $\hat{Q}(\lambda)$ 是偶数次的多项式.

定理 5.4.2 由式(5.4.6)，(5.4.11)和(5.4.12)所构造的多项式 $(\hat{P}(s, \lambda), \hat{Q}(\lambda))$，令

$$\hat{R}(s, \lambda) = \hat{P}(s, \lambda) / \hat{Q}(\lambda),$$

则 $\hat{R}(s, \lambda)$ 是幂级数 $f(s, \lambda)$ 的型为 $[n - \sigma / 2k - 2\sigma]$ 的 GIPA.

证明: 易验证 $\hat{Q}(\lambda)$ 满足

$$\hat{Q}(0) \neq 0, \beta = 0,$$

$$\hat{Q}(\lambda) = \hat{Q}^{*}(\lambda),$$

$$\hat{Q}(\lambda)\, \hat{u}(\lambda) = \parallel \hat{P}(s, \lambda) \parallel^{2}.$$

由式(5.4.10)，推知

$$\hat{P}(s, \lambda) - \hat{Q}(\lambda) f(s, \lambda) = O(\lambda^{n - \sigma + 1}) \tag{5.4.13}$$

下面的证明主要根据 γ 和 $\deg\{Q_\gamma\}$ 的奇、偶性来讨论 $(\hat{P}(s, \lambda), \hat{Q}(\lambda))$ 是否满足定义 5.2.1 中的(i).

情形 1: 若 γ 和 $\deg\{Q_\gamma(\lambda)\}$ 都是偶的，则 $\gamma = 2\sigma$. 不妨设 $\deg\{Q_\gamma(\lambda)\} = 2k - 2\mu$，其中 μ 是整数，由(5.4.6)可知，

$$2k - 2\mu = \deg\{Q(\lambda)\} - \gamma = \deg\{Q(\lambda)\} - 2\sigma.$$

又因为 $\deg\{Q(\lambda)\} \leqslant 2k$，令 $\alpha = \mu - \sigma$，则有 $\alpha \geqslant 0$ 和

$$\deg\{\hat{Q}(\lambda)\} = 2k - 2(\alpha + \sigma) = 2k - 2\sigma - 2\alpha \tag{5.4.14}$$

根据式(5.4.9)，(5.4.11)和(5.4.12)知，

$$\deg\{\hat{P}(s, \lambda)\} = \frac{1}{2}\{\deg\{\hat{Q}(\lambda)\} + \deg\{\hat{u}(\lambda)\}\}$$

$$\leqslant \frac{1}{2}(2k - 2\sigma - 2\alpha + 2n - 2k - \gamma)$$

$$= n - 2\sigma - \alpha \leqslant n - \sigma - \alpha \qquad (5.4.15)$$

情形 2：若 γ 是奇的，而 $\deg\{Q_\gamma(\lambda)\}$ 是偶的，则 $\gamma = 2\sigma - 1$. 在这种假设下，$2k - \deg\{Q(\lambda)\} \geqslant 1$，不妨设 $\deg\{Q_\gamma(\lambda)\} = 2k - 2\mu$，再令 $\alpha = \mu - \sigma$ 则有 $\alpha \geqslant 1$，和

$$\deg\{\hat{Q}(\lambda)\} = 2k - 2\sigma - 2\alpha,$$

$$\deg\{\hat{P}(s, \lambda)\} \leqslant n - 2\sigma - \alpha + \frac{1}{2} \leqslant n - \sigma - \alpha.$$

情形 3：若 γ 是偶数，但 $\deg\{Q_\gamma(\lambda)\}$ 是奇数，则 $\gamma = 2\sigma$. 不妨设 $\deg\{\hat{Q}(\lambda)\} = 2k - 2\mu$，由 (5.4.12) 可知，有

$$2k - 2\mu + 1 = \deg\{Q(\lambda)\} - 2\sigma.$$

因为 $\deg\{Q(\lambda)\} \leqslant 2k$，令 $\alpha = \mu - \sigma$ 而 α 是一个整数，则有 $\alpha \geqslant 1$ 和

$$\deg\{\hat{Q}(\lambda)\} = 2k - 2\sigma - 2\alpha.$$

从 (5.4.11) 推出

$$\deg\{\hat{P}(s, \lambda)\} \leqslant n - 2\sigma - \alpha - \frac{1}{2} \leqslant n - \sigma - \alpha.$$

情形 4：若 γ 与 $\deg\{Q_\gamma(\lambda)\}$ 都是奇的，则 $\gamma = 2\sigma - 1$. 不妨设 $\deg\{\hat{Q}(\lambda)\} = 2k - 2\mu$，通过 (5.4.12)，我们得到

$$2k - 2\mu + 1 = \deg\{Q(\lambda)\} - 2\sigma + 1.$$

由于 $\deg\{Q(\lambda)\} \leqslant 2k$，$\sigma \leqslant \mu$，令 $\alpha = \mu - \sigma \geqslant 1/2$，因 α 是一个整数，所以 $\alpha \geqslant 1$，且有

$$\deg\{\hat{Q}\} = 2k - 2\sigma - 2\alpha.$$

从 (5.4.12) 可知，

$$\deg\{\hat{P}(s, \lambda)\} \leqslant n - 2\sigma - \alpha \leqslant n - \sigma - \alpha.$$

无论哪种情形,都已证明了 $\hat{P}(s,\lambda)/\hat{Q}(\lambda)$ 是 $f(s,\lambda)$ 的型为 $[n-\sigma/2k-2\sigma]$ 的 GIPA.

定理 5.4.3 设 $\hat{P}(s,\lambda)$,$\hat{Q}(\lambda)$ 是由式(5.4.11)和(5.4.12)所构造的多项式,则 $(\lambda^{2\sigma}\hat{P}(s,\lambda),\lambda^{2\sigma}\hat{Q}(\lambda))$ 是幂级数 $f(s,\lambda)$ 的型为 $[n/2k]$ 的广义逆函数值 Padé 多项式.

证明: 设 $P_1(s,\lambda)=\lambda^{2\sigma}\hat{P}(s,\lambda)$,$Q_1(\lambda)=\lambda^{2\sigma}\hat{Q}(\lambda)$. 由前面讨论的四种情形可知

$$\deg\{\hat{P}(s,\lambda)\}\leqslant n-2\sigma-\alpha\leqslant n-\sigma-\alpha,$$

和

$$\deg\{Q_1(\lambda)\}=2k-2\sigma-2\alpha+2\sigma=2k-2\alpha,$$

$$\deg\{P_1(s,\lambda)\}\leqslant n-2\sigma-\alpha+2\sigma\leqslant n-\alpha.$$

又因为 $P_1(s,\lambda)$ 有 2σ 重零根,再由(5.4.13)的逼近阶可得出

$$P_1(s,\lambda)-f(s,\lambda)Q_1(\lambda)=O(\lambda^{n-\sigma+1+2\sigma})=O(\lambda^{n+\sigma+1}).$$

这样 $(\lambda^{2\sigma}\hat{P}(s,\lambda),\lambda^{2\sigma}\hat{Q}(\lambda))$ 均满足定义 5.2.1. 定理证毕.

例 5.4.4 构造幂级数 $f(s,\lambda)$ 型为 $[3/4]$ 的广义逆函数值 Padé 多项式和 EGIPA,设

$$f(s,\lambda)=s+\sin(s)\lambda^3+\cos(s)\lambda^4,\quad s\in[0,2\pi].$$

解: 线性方程组(5.3.5)变为:

$$\begin{bmatrix} 0 & \dfrac{8}{3}\pi^3 & 0 & 0 & -2\pi \\[2mm] -\dfrac{8}{3}\pi^3 & 0 & 0 & 0 & 0 \\[2mm] 0 & 0 & 0 & 0 & 0 \\[2mm] 0 & 0 & 0 & 0 & \pi \\[2mm] 2\pi & 0 & 0 & -\pi & 0 \end{bmatrix} \begin{bmatrix} q_4 \\ q_3 \\ q_2 \\ q_1 \\ q_0 \end{bmatrix} = \begin{bmatrix} 0 \\ 0 \\ 0 \\ 0 \\ 0 \end{bmatrix} \quad (5.4.16)$$

其中

$$L_{01} = \int_0^{2\pi} c_0^2(s)\mathrm{d}s = \frac{8}{3}\pi^3, \quad L_{04} = \int_0^{2\pi} (c_0(s)c_3(s))\mathrm{d}s = -2\pi,$$

$$L_{34} = \int_0^{2\pi} c_3^2(s)\mathrm{d}s = \pi, \quad L_{02} = L_{03} = 0,$$

$$L_{12} = L_{13} = L_{14} = 0, \quad L_{22} = L_{23} = L_{24} = 0, L_{33} = 0.$$

由线性方程组(5.4.16),得到

$$q_0 = q_1 = q_3 = q_4 = 0,$$

且 q_2 是一个任意的常数,我们取 $q_2 = 1$,所以可得

$$Q(\lambda) = \lambda^2(\gamma = 2, \sigma = 1), \quad \hat{Q}(\lambda) = 1.$$

由(5.4.13),得

$$\hat{P}(s, \lambda) - \hat{Q}(\lambda)f(s, \lambda) = O(\lambda^3),$$

进一步可推出

$$\hat{P}(s, \lambda) = s.$$

这样得到下列三个主要的结果:

(1) $(s\lambda^2, \lambda^2)$ 是 $f(s, \lambda)$ 型为[3/4]的广义逆函数值 Padé 多项式;

(2) $s\lambda^2/\lambda^2 = s$ 是 $f(s, \lambda)$ 型为[3/4]的 $EGIPA$;

(3) $\hat{P}(s, \lambda) = s$, $\hat{Q}(\lambda) = 1$, $\hat{P}(s, \lambda)/\hat{Q}(\lambda) = s$ 也是 $f(s, \lambda)$ 型为[2/2]的 $GIPA$.

§5.5 扩充的广义逆函数值 Padé 逼近的正方块分布特征

这一节主要讨论的是在退化情况下,$EGIPA$ 的表具有正方形的块状结构的分布特点,也就是说在这个正方块的区域内,所有扩充的

广义逆函数值 Padé 逼近元素是相等的. 特别, 当 $Q(0) \neq 0$（非退化情况）时, $EGIPA$ 表就变成了 $GIPA$ 表, 这时一个正方块就变成了只有一个逼近元素的正方块.

首先引进一些记号:

$$M_{n, 2k} = \{(P(s, \lambda), Q(\lambda)) \mid P(s, \lambda)/Q(\lambda) \in [n/2k]_f, Q(0) \neq 0\},$$

$$u = \min\{\deg\{P(s, \lambda)\} \mid P \text{ 满足} (P(s, \lambda), Q(\lambda)) \in M_{n, 2k}\},$$

$$v = \min\{\deg\{Q(\lambda)\} \mid Q \text{ 满足} (P(s, \lambda), Q(\lambda)) \in M_{n, 2k}\}.$$

引理 5.5.1 [16]

(1) 存在唯一的 $(P(s, \lambda), Q(\lambda)) \in M_{n, 2k}$, 使 $\deg\{P(s, \lambda)\} = u$, $\deg\{Q(\lambda)\} = v$.

(2) 对任一 $(P(s, \lambda), Q(\lambda)) \in M_{n, 2k}$, 必存在一个关于 λ 的数量多项式 $\beta(\lambda)$, 使 $P(s, \lambda) = \beta(\lambda) \widetilde{P}(s, \lambda)$, $Q(\lambda) = \beta(\lambda) \widetilde{Q}(\lambda)$.

下面给出建立幂级数 $f(s, \lambda)$ 的广义逆函数值 Padé 逼近最简形为 $[\widetilde{n}/2\widetilde{k}]_f$ 的 $GIPA$ 四个步骤:

(a) 根据线性方程组 (5.3.5), (5.3.8) 确定 $P(s, \lambda), Q(\lambda)$;

(b) 在退化的情况下, 由 (5.4.2) 计算出 γ, 由 (5.4.6) 来确定 $P_\gamma(s, \lambda), Q_\gamma(\lambda)$;

(c) 由 (5.4.12) 来构造 $\hat{P}(s, \lambda), \hat{Q}(\lambda)$;

(d) 根据引理 5.5.1 可以计算出 $P(s, \lambda)$ 和 $Q(\lambda)$ 的最大公因子 $\beta(\lambda)$. 令

$$\widetilde{Q}(\lambda) = \hat{Q}(\lambda)/\beta(\lambda) \tag{5.5.1}$$

$$\widetilde{P}(s, \lambda) = \hat{P}(s, \lambda)/\beta(\lambda) \tag{5.5.2}$$

其中 $\deg\{\widetilde{P}(s, \lambda)\} = \widetilde{n}$, $\deg\{\hat{Q}(\lambda)\} = 2\widetilde{k}$, 这样由上面四个步骤所得到的 $\widetilde{P}(s, \lambda)/\widetilde{Q}(\lambda)$ 就是幂级数 $f(s, \lambda)$ 的 $GIPA$ 的最简形, 记为 $[\widetilde{n}/2\widetilde{k}]_f$.

定义 5.5.2 设 $\widetilde{P}(s,\lambda)/\widetilde{Q}(\lambda)$ 是幂级数 $f(s,\lambda)$ 的最简形 $[\widetilde{n}/2\widetilde{k}]_f$，若

$$\frac{\widetilde{P}(s,\lambda)}{\widetilde{Q}(\lambda)} - f(s,\lambda) = \widetilde{y}(s)\lambda^{\widetilde{n}+r} + O(\lambda^{\widetilde{n}+r+1}) \tag{5.5.3}$$

其中 $\widetilde{y}(s) \neq 0$，则称 r 是所有与最简形 $[\widetilde{n}/2\widetilde{k}]_f$ 元素相等的正方块边长数.

定理 5.5.3 设正整数 $\bar{n}$，$\bar{k}$ 分别满足

$$\bar{k} \geqslant k \tag{5.5.4}$$

$$\bar{n} - \bar{k} \geqslant \gamma - k \tag{5.5.5}$$

$$\bar{n} < \gamma + r \tag{5.5.6}$$

则幂级数 $f(s,\lambda)$ 的最简型 $(\widetilde{P}(s,\lambda), \widetilde{Q}(\lambda))$ 在 $EGIPA$ 表的上三角区域内满足

$$R(s,\lambda) = [\gamma/2k]_f(s,\lambda) = [\bar{n}/2\bar{k}]_f(s,\lambda) = \frac{\widetilde{P}(s,\lambda)}{\widetilde{Q}(\lambda)} \tag{5.5.7}$$

证明： 主要验证定义 5.2.2 和定义 5.2.3. 令 $\alpha = \bar{k} - k$，显然由 (5.5.4) 得 $\alpha \geqslant 0$. 且

$$\deg\{\widetilde{Q}(\lambda)\} = 2k = 2\bar{k} - 2(\bar{k}-k) = 2k - 2\alpha$$

和

$$\deg\{\widetilde{P}(s,\lambda)\} \leqslant \gamma \leqslant \bar{n} - \bar{k} + k = \bar{n} - \alpha.$$

根据 (5.5.6)，有

$$\widetilde{P}(s,\lambda) - f(s,\lambda)\widetilde{Q}(\lambda) = O(\lambda^{\gamma+r}) = O(\lambda^{\bar{n}+1}) \tag{5.5.8}$$

这样就证明了 $\tilde{P}(s, \lambda) / \tilde{Q}(\lambda)$ 在 $EGIPA$ 表的上三角区域内均属于 $GIPA$.

定理 5.5.4 设正整数 $\bar{n}, \bar{k}$ 分别满足

$$\bar{k} \leqslant k + r \tag{5.5.9}$$

$$\bar{n} - \bar{k} \leqslant \gamma - k + r \tag{5.5.10}$$

$$\bar{n} \geqslant \gamma + r \tag{5.5.11}$$

令

$$\theta = \bar{n} - \gamma - r + 1 \tag{5.5.12}$$

$$\bar{P}(s, \lambda) = \lambda^{2\theta} \tilde{P}(s, \lambda), \qquad \bar{Q}(\lambda) = \lambda^{2\theta} \tilde{Q}(\lambda) \tag{5.5.13}$$

则在 $EGIPA$ 表的下三角的区域内，$(\bar{P}(s, \lambda), \bar{Q}(\lambda))$ 是幂级数 $f(s, \lambda)$ 的型为 $[\bar{n}/2\bar{k}]$ 的广义逆函数值 Padé 多项式，并且有理函数 $R(s, \lambda) = \bar{P}(s, \lambda) / \bar{Q}(\lambda)$ 为幂级数 $f(s, \lambda)$ 型为 $[\bar{n}/2\bar{k}]$ 的 $EGIPA$.

证明： 令 $\alpha = \bar{k} - k - \theta$，由 (5.5.10) 可看出 $\theta \geqslant 0$. 将 θ 代入，$\alpha = \gamma - k + r - (\bar{n} - \bar{k}) + 1$，再根据 (5.5.10)，则有 $\alpha \geqslant 0$，且

$$\deg\{\bar{Q}(\lambda)\} = 2k + 2\theta = 2\bar{k} + 2\alpha,$$

$$\deg\{\bar{P}(s, \lambda)\} = \gamma + 2\theta = \gamma + (\bar{n} - \gamma - r + 1) + \theta$$

$$= \bar{n} - r + 1 + \bar{k} - k - \alpha \leqslant \bar{n} - \alpha.$$

从式 (5.5.10) 及 (5.5.12) 即可推出

$$\bar{P}(s, \lambda) - f(s, \lambda) \bar{Q}(\lambda) \doteq O(\lambda^{\gamma + r + 2\theta}) = O(\lambda^{\bar{n} + \theta + 1}).$$

显然，$\bar{P}(s, \lambda), \bar{Q}(\lambda)$ 完全满足定义 5.2.1. 定理证毕.

推论 5.5.5 在正方形的区域内：

$$k \leqslant \bar{k} < k + r,$$

$$\gamma - k < \bar{n} - \bar{k} < \gamma - k + r$$

满足(5.5.3)的所有扩充的广义逆函数值 Padé 逼近元素完全相等.

例 5.5.6 取定义 5.5.2 中的 $k = 2$，$\gamma = 4$，$r = 4$，则有

$$\widetilde{P}_4(s, \lambda) - f(s, \lambda)\widetilde{Q}_4(\lambda) = O(\lambda^8).$$

$$[4/4]_f \quad [5/4]_f \quad [6/4]_f \quad [7/4]_f$$

$$[4/6]_f \quad [5/6]_f \quad [6/6]_f \quad [7/6]_f$$

$$[4/8]_f \quad [5/8]_f \quad [6/8]_f \quad [7/8]_f$$

$$[4/10]_f \quad [5/10]_f \quad [6/10]_f \quad [7/10]_f$$

特别要指出的是：

(1) 这是一个正方块，其左上角的一个元素是最简形$[4/4]_f$.

(2) 上三角包括对角线的元素均属于广义逆函数值 Padé 逼近 (GIPA).

(3) 下三角元素均属于扩充的广义逆函数值 Padé 有理逼近 (EGIPA)，其最简形为$[4/4]_f$.

(4) 此正方形边界的其他元素互不相等，这是由最简性所决定的.

(5) 此正方形中所有的元素在化成最简形后，它们的最简形均与左上角的一个元素$[4/4]_f$相等.

第六章 函数值 Padé -型逼近与广义逆函数值 Padé 逼近的方法在积分方程中的应用

1963 年，Wynn[144]首先发现向量 ε-算法可以成功地用作向量序列的加速收敛. Graves - Morris[88]借助于向量 Padé 逼近来研究向量序列的加速收敛，并揭示了向量 Padé 逼近和向量 ε-算法之间的联系. 2001 年，顾传青，李春景[12] 提出了广义逆函数值 Padé 逼近的 ε-算法来加速幂级数收敛. 本文在此基础上提出了两种有效的方法来加速函数序列的收敛性，并与广义逆函数值 Padé 逼近混合方法[80]进行比较. 两种新方法分别如下：

- 用广义逆函数值 ε-算法的实部方法来加速函数序列的收敛.
- 用函数值 Padé-型逼近的正交方法加速函数序列的收敛，且从理论上分析了此方法与改进的 Aitken - Δ^2 算法之间的内在联系.

为了获得难于处理的积分方程解，尤其当积分方程具有形如 (2.1.2)的发生函数时，人们对 Padé 逼近方法产生了兴趣. 1963 年 Chisholm[49]已经表明具有秩为 n 核为 K 的积分方程精确解，可以用关于扰动级数 Padé 逼近的前 $2n$ 项来表示. 1990 年，Graves - Morris[80]中提出了 Freholm 行列式公式的方法和经典的函数值 Padé 逼近方法来估计第二类 Fredholm 积分方程的特征值. 本文在此基础上给出了估计积分方程的特征值两种新方法，并与前面提到的两种方法通过实例进行了比较. 两种新方法分别如下：

- 用广义逆函数值 Padé 逼近的 ε-算法来估计积分方程特征值.
- 用函数值 Padé-型逼近的正交行列式方法来估计积分方程特

征值.

§6.1 加速函数序列和幂级数的收敛性

6.1.1 用广义逆函数值 ε-算法的实部方法加速函数序列的收敛

设给定收敛的函数序列

$$s_0(x), s_1(x), s_2(x), \cdots, s_n(x),$$

$$s_i(x) \in C[a, b], i = 1, 2, \cdots, \qquad (6.1.1)$$

$$s_n(x) \to s(x)(n \to \infty)$$

当该序列收敛速度太慢时,就自然会产生对序列(6.1.1)进行加速收敛的问题. 设函数值幂级数:

$$f(s, \lambda) = c_0(x) + c_1(x)\lambda + c_2(x)\lambda^2 + c_n(x)\lambda^n + \cdots$$

$$(6.1.2)$$

它与函数序列的变换关系为:

$$s_0(x) = s_0(x),$$

$$c_i(x) = \Delta s_{i-1}(x) = s_i(x) - s_{i-1}(x), \qquad i = 1, 2, \cdots$$

$$(6.1.3)$$

特别当 $\lambda = 1$ 时,$s_n(x) \to s(x)(n \to \infty)$ 就转化为 $s_n(x) \to f(x, 1)$.

由广义逆(5.2.6)及函数值 ε-算法定义为

$$\varepsilon_{-1}^{(j)} = 0, \ j = 0, 1, 2\cdots \qquad (6.1.4)$$

$$\varepsilon_0^{(j)} = \sum_{i=0}^{j} c_i(x)\lambda^i \qquad (6.1.5)$$

$$\varepsilon_{k+1}^{(j)} = \varepsilon_{k-1}^{(j+1)} + (\varepsilon_k^{(j+1)} - \varepsilon_k^{(j)})^{-1}, \quad j, k \geqslant 0 \qquad (6.1.6)$$

定理 6.1.1 在利用 $(6.1.4), (6.1.5)$ 及 $(6.1.6)$ 构造 $\varepsilon_{2k}^{(j)}$ 的过

程中若没有出现分母为零值的情形,设 $R(s, \lambda) = P_{j+2k}(s, \lambda)/Q_{2k}(\lambda)$ 是一个 $[(j+2k)/2k]$ 型 $GIPA$,则有

$$\varepsilon_{2k}^{(j)} = \frac{P_{j+2k}(s, 1)}{Q_{2k}(1)}, \quad j, k \geqslant 0 \tag{6.1.7}$$

证明:根据文献[12]得 $R(s, \lambda) = P_{j+2k}(s, \lambda)/Q_{2k}(\lambda)$ 是一个 $[(j+2k)/2k]$ 型 $GIPA$,再令 $\lambda = 1$,则成立(6.1.7).

加速函数序列收敛的步骤:

第一步:将函数序列(6.1.1),根据(6.1.3)关系式写成幂级数(6.1.2)的形式.

第二步:对幂级数(6.1.3),根据递推公式计算广义逆(5.2.6)及函数值 ε -算法(6.1.4)~(6.1.6)得到 $\varepsilon_{2k}^{(j)}$.

第三步:由于分母的系数均为实的,所以令 $\varepsilon_{2k}^{(j)}$ 的分母为零,得到一对共轭复根 $Re\lambda_i \pm Im\lambda_i$,取其实部 $\tilde{Q}_k(\lambda) = \prod_{j=1}^{k}(\lambda - Re\lambda_i)$,令 $\tilde{P}(s, \lambda) = [f(s, \lambda)\tilde{Q}_k(\lambda)]_0^{j+2k}$ 得 $\tilde{\varepsilon}_{2k}^{(j)} = \tilde{P}_{j+2k}(s, \lambda)/\tilde{Q}_k(\lambda)$,接着,再令 $\lambda = 1$ 得 $\tilde{\varepsilon}_{2k}^{(j)}$.

第四步:函数序列的极限 $s(x) \simeq \tilde{\varepsilon}_{2k}^{(j)}(x, 1)$.

例 6.1.2 考虑下列具有已知解的 Fredholm 积分方程:

$$\phi(x) = 1 + \lambda \int_0^1 [1 + |x - y|]\phi(y)\mathrm{d}y \tag{6.1.8}$$

它能够利用 Baker 方法化为二阶常微分方程进行求解. 上述方程的解是

$$\phi(x) = \frac{2\cos h\gamma\left(x - \dfrac{1}{2}\right)}{2\cos h\,\dfrac{1}{2}\gamma - 3\gamma\,\sin h\,\dfrac{1}{2}\gamma} \tag{6.1.9}$$

它的奇异值是 $\gamma = \sqrt{2\lambda}$.

第一步: 令

$$s_0(x) = 1,$$

$$s_1(x) = 1 + \left[\frac{5}{4} + \left(x - \frac{1}{2}\right)^2\right],$$

$$s_2(x) = 1 + \left[\frac{5}{4} + \left(x - \frac{1}{2}\right)^2\right] + \left[\frac{161}{96} + \right.$$

$$\left.\frac{5}{4}\left(x - \frac{1}{2}\right)^2 + \frac{1}{6}\left(x - \frac{1}{2}\right)^4\right],$$

$$s_3(x) = 1 + \left[\frac{5}{4} + \left(x - \frac{1}{2}\right)^2\right] + \left[\frac{161}{96} + \frac{5}{4}\left(x - \frac{1}{2}\right)^2 + \right.$$

$$\frac{1}{6}\left(x - \frac{1}{2}\right)^4\right] + \left[\frac{25\,834}{11\,520} + \frac{161}{96}\left(x - \frac{1}{2}\right)^2 + \right.$$

$$\left.\frac{5}{24}\left(x - \frac{1}{2}\right)^4 + \frac{1}{90}\left(x - \frac{1}{2}\right)^6\right] \tag{6.1.10}$$

则根据关系式(6.1.3),得到如下的函数值幂级数:

$$f(x, \lambda) = \phi(x) = 1 + \left[\frac{5}{4} + \left(x - \frac{1}{2}\right)^2\right]\lambda +$$

$$\left[\frac{161}{96} + \frac{5}{4}\left(x - \frac{1}{2}\right)^2 + \frac{1}{6}\left(x - \frac{1}{2}\right)^4\right]\lambda^2 +$$

$$\left[\frac{25\,834}{11\,520} + \frac{161}{96}\left(x - \frac{1}{2}\right)^2 + \frac{5}{24}\left(x - \frac{1}{2}\right)^4 + \right.$$

$$\left.\frac{1}{90}\left(x - \frac{1}{2}\right)^6\right]\lambda^3 + \cdots \tag{6.1.11}$$

第二步: 由递推公式(6.1.4)—(6.1.6)及广义逆(5.2.6),得

$$\varepsilon_0^{(0)} = c_0(x),$$

$$\varepsilon_0^{(1)} = c_0(x) + c_1(x)\lambda,$$

$$\varepsilon_0^{(2)} = c_0(x) + c_1(x)\lambda + c_2(x)\lambda^2,$$

$$\varepsilon_1^{(0)} = \frac{1}{c_1(x)\lambda} = \frac{c_1(x)}{\lambda \int_0^1 (c_1(x))^2 \, dx},$$

$$\varepsilon_1^{(1)} = \frac{1}{c_2(x)\lambda^2} = \frac{c_2(x)}{\lambda^2 \int_0^1 (c_2(x))^2 \, dx},$$

$$\varepsilon_2^{(0)} = c_0(x) + c_1(x)\lambda + \cfrac{1}{\cfrac{c_2(x)}{\lambda^2 \int_0^1 (c_2(x))^2 \, dx} - \cfrac{c_1(x)}{\lambda \int_0^1 (c_1(x_1))^2 \, dx}}$$

$$= c_0(x) + c_1(x)\lambda + \left[\frac{c_2(x)}{\lambda^2 \int_0^1 (c_2(x))^2 \, dx} - \frac{c_1(x)}{\lambda \int_0^1 (c_1(x))^2 \, dx} \right],$$

$$= \left\{ 1 + \left[-1.425 + \left(x - \frac{1}{2} \right)^2 \right] \lambda + \left[0.122 - 1.425 \left(x - \frac{1}{2} \right)^2 + 0.167 \left(x - \frac{1}{2} \right)^4 \right] \lambda^2 \right\} \Big/ (1 - 2.675\lambda + 1.788\lambda^2)$$

$$= P_2(x, \lambda)/Q(\lambda) = R(x, \lambda) \tag{6.1.12}$$

其中

$$\int_0^1 (c_1(x))^2 \, dx = 1.7833,$$

$$\int_0^1 c_1(x) c_2(x) \, dx = 2.38492,$$

$$\int_0^1 (c_2(x))^2 \mathrm{d}x = 3.189\,46.$$

如此类推计算 $\varepsilon_{2k}^{(j)}$，再用 ε-算法的实部方法的步骤计算第三、四步，所得最后结果见表$(6.1.1)$.

6.1.2 用函数值 Padé-型逼近的正交方法来加速函数序列的收敛性

Aitken-Δ^2算法[88]用于数量序列 $s_0, s_1, s_2, \cdots, (s_n \to s, (n \to \infty))$的加速收敛通常是取其标准形式：

$$t_n = s_n - \frac{(\Delta s_n)^2}{\Delta^2 s_n}, \quad n = 0, 1, 2, \cdots \tag{6.1.13}$$

其中

$$\Delta s_n = s_{n+1} - s_n, \quad \Delta^2 s_n = \Delta s_{n+1} - \Delta s_n \tag{6.1.14}$$

如将 $(6.1.13)$直接推广到函数上，例子表明收敛精度不高[88]，但是对于数量的情形，若采用改进的 Aitken-Δ^2算法$(6.1.15)$，其收敛速度就快得多.

$$t_n = s_{n+1} - \Delta s_{n+1} \frac{(\Delta s_n)^2}{\Delta s_n \Delta^2 s_n}, \quad n = 0, 1, 2, \cdots$$

$$\tag{6.1.15}$$

下面就从理论上来分析用 FPTA 的正交行列式公式所得到的逼近解与改进的 Aitken-Δ^2算法形式上很相似，并通过例子说明了 FPTA 的正交行列式公式方法加速函数序列收敛的效果是非常明显的.

令

$$c_0(x) = s_0(x), \quad c_n(x) = \Delta s_{n-1}(x) = s_n(x) - s_{n-1}(x) \tag{6.1.16}$$

由$(3.4.16)$与 $(3.4.17)$中令 $\lambda = 1$，并取 $n = 1$得

$$(n/1)_f(x, 1) = \cfrac{\begin{vmatrix} \int_a^b (c_n(x))^2 \mathrm{d}x & \int_a^b c_n(x)c_{n+1}(x)\mathrm{d}x \\ \sum\limits_{i=0}^{n-1} c_i(x) & \sum\limits_{i=0}^{n} c_i(x) \end{vmatrix}}{\begin{vmatrix} \int_a^b (c_n(x))^2 \mathrm{d}x & \int_a^b c_n(x)c_{n+1}(x)\mathrm{d}x \\ 1 & 1 \end{vmatrix}}$$

将上式的分子与分母同时展开，得

$$(n/1)_f(x, 1)$$

$$= \frac{\sum\limits_{i=0}^{n-1} c_i(x) \int_a^b c_n(x)c_{n+1}(x)\mathrm{d}x - \sum\limits_{i=0}^{n} c_i(x) \int_a^b (c_n(x))^2 \mathrm{d}x}{\int_a^b c_n(x)c_{n+1}(x)\mathrm{d}x - \int_a^b (c_n(x))^2 \mathrm{d}x} \qquad (6.1.17)$$

再将 $(6.1.17)$ 的 $c_n(x)$ 换成 $\Delta s_{n-1}(x)$，则有

$$(n/1)_f(x, 1)$$

$$= \frac{s_{n-1}(x) \int_a^b \Delta s_{n-1}(x)\Delta s_n(x)\mathrm{d}x - s_n(x) \int_a^b (\Delta s_{n-1}(x))^2 \mathrm{d}x}{\int_a^b \Delta s_{n-1}(x)\Delta s_n(x)\mathrm{d}x - \int_a^b (\Delta s_{n-1}(x))^2 \mathrm{d}x} \qquad (6.1.18)$$

对式 $(6.1.18)$ 加、减项 $s_{n-1}(x) \int_a^b (\Delta s_{n-1}(x))^2 \mathrm{d}x$，则有

$$(n/1)_f(x, 1)$$

$$= \frac{\begin{aligned} & s_{n-1}(x) \left[\int_a^b \Delta s_{n-1}(x)\Delta s_n(x)\mathrm{d}x - \int_a^b (\Delta s_{n-1}(x))^2 \mathrm{d}x \right] - \\ & \Delta s_{n-1}(x) \int_a^b (\Delta s_{n-1}(x))^2 \mathrm{d}x \end{aligned}}{\int_a^b \Delta s_{n-1}(x)\Delta s_n(x)\mathrm{d}x - \int_a^b (\Delta s_{n-1}(x))^2 \mathrm{d}x}$$

$$(6.1.19)$$

整理式(6.1.19),得

$$(n/1)_f(x, 1)$$

$$= s_{n-1}(x) - \frac{\Delta s_{n-1}(x) \int_a^b (\Delta s_{n-1}(x))^2 \mathrm{d}x}{\int_a^b \Delta s_{n-1}(x) \Delta s_n(x) \mathrm{d}x - \int_a^b (\Delta s_{n-1}(x))^2 \mathrm{d}x} \tag{6.1.20}$$

用记号(6.1.14),发现

$$(n/1)_f(x, 1) = s_{n-1}(x) - \Delta s_{n-1}(x) \frac{\int_a^b (\Delta s_{n-1}(x))^2 \mathrm{d}x}{\int_a^b \Delta s_{n-1}(x) \Delta_{s_{n-1}}^2(x) \mathrm{d}x} \tag{6.1.21}$$

(6.1.21)与(6.1.15)形式上很相似,这在一定程度上分析了函数值 Padé-型逼近的正交方法可用于加速函数的收敛性理论根据.

FPTA 的正交方法加速函数序列收敛的步骤:

第一步:将函数序列$\{s_n(x)\}$根据式(6.1.15)写成函数值系数为$\{c_n(x)\}$的幂级数(6.1.2).

第二步:由正交行列式公式(3.4.8),(3.4.9)或(3.4.16),(3.4.17)计算$(m/n)_f(x, \lambda)$.

第三步:令$\lambda=1$,序列的极限$s(x)$就用$(m/n)_f(x, 1)$来代替.

表 6.1.1 就是分别用三种方法对例 6.1.2 所算得的近似值与积分方程解真实值的误差.

表 6.1.1

x	$(2/1)_f(x, 1)^e$	$[2/2]_f^H$	$\mathrm{Re}\varepsilon_2^2(x, 1)^e$
0	-0.000877	-0.075	0.0691
0.1	-0.00066	-0.053	0.0006

续　表

x	$(2/1)_f(x, 1)^e$	$[2/2]_f^H$	$\mathrm{Re}\varepsilon_2^2(x, 1)^e$
0.2	$-0.000\,21$	-0.01	$0.001\,33$
0.3	$0.000\,31$	0.034	$-0.002\,6$

(1) $(2/1)_f(x, 1)^e$ 表示的是用函数值 Padé 型逼近正交方法所算得的近似值与真实值的误差.

(2) $[2/2]_f^H$ 表示的是用 $GIPA$ 的混合方法[80]所算得的近似值与真实值的误差.

(3) $\mathrm{Re}\varepsilon_2^2(x, 1)^e$ 表示的是广义逆函数值 ε-算法的实部方法所算得的近似值与真实值的误差.

§6.2　估计积分方程的特征值

6.2.1　用 Freholm 行列式公式来估计积分方程的特征值

设 $K(s, t)$ 和 $y(s)$ 分别是正方形 $a \leqslant s, t \leqslant b$ 和区间 $[a, b]$ 上的连续函数.

$$x(s) = y(s) + \lambda \int_a^b K(s, t)x(t)\mathrm{d}t, \quad a \leqslant s \leqslant b \quad (6.2.1)$$

设 n 是一正整数,分法

$$T: a = s_0 < s_1 < s_2 < \cdots < s_n = b,$$

把 $[a, b]$ 分成 n 个相等的小区间,其长 $\delta_n = \dfrac{b-a}{n}$.

令

$$x(s_i) = x_i, \ y(s_i) = y_i, \ K(s_i, s_j) = k_{ij}, \quad i, j = 1, 2, \cdots, n$$
$$(6.2.2)$$

当 $s = s_j$ 时，方程(6.2.1)变成

$$x_j = y_j + \lambda \int_a^b K(s_j, t)x(t)\mathrm{d}t, \quad a \leqslant s \leqslant b \quad (6.2.3)$$

对充分大的 n，上式右端近似于

$$y_j + \lambda \delta_n \sum_{i=1}^n k_{ji} x_i.$$

又方程(6.2.1)可视为方程组

$$x_j = y_j + \lambda \delta_n \sum_{i=1}^n k_{ji} x_i, \quad j = 1, 2, \cdots, n \quad (6.2.4)$$

当 $n \to \infty$ 时的极限. 引用向量的记号，(6.2.4)可写成

$$\boldsymbol{X} = \boldsymbol{Y} + \lambda \delta_n \boldsymbol{KX} \quad (6.2.5)$$

对每一 $\boldsymbol{Y}$，方程(6.2.5)有唯一解 $\boldsymbol{X}$，当且仅当

$$d_n(\lambda) = \det(I - \lambda \delta_n \boldsymbol{K}) \neq 0.$$

现把行列式

$$d_n(\lambda) = \begin{vmatrix} 1 - \lambda \delta_n k_{11} & 1 - \lambda \delta_n k_{12} & \cdots & 1 - \lambda \delta_n k_{1n} \\ 1 - \lambda \delta_n k_{21} & 1 - \lambda \delta_n k_{22} & \cdots & 1 - \lambda \delta_n k_{2n} \\ \cdots & \cdots & & \cdots \\ 1 - \lambda \delta_n k_{n1} & 1 - \lambda \delta_n k_{n2} & \cdots & 1 - \lambda \delta_n k_{nn} \end{vmatrix} \quad (6.2.6)$$

展开成为 λ 的多项式，故

$$d_n(\lambda) = 1 - \lambda \sum_{j=2}^n \delta_n k_{jj} + \lambda^2 \sum_{1 < j < i < n} \delta_n^2 \begin{vmatrix} k_{jj} & k_{ji} \\ k_{ij} & k_{ii} \end{vmatrix} -$$

$$\lambda^3 \sum_{1 \leqslant j \leqslant i \leqslant u \leqslant n} \delta_n^3 \begin{vmatrix} k_{jj} & k_{ji} & k_{ju} \\ k_{ij} & k_{ii} & k_{ii} \\ k_{ij} & k_{ii} & k_{ii} \end{vmatrix} + \cdots + (-1)^n \lambda^n \delta^n \det \boldsymbol{K}$$

$$= 1 - \lambda \sum_{j=2}^{n} \delta_n k_{jj} + \frac{\lambda^2}{2!} \sum_{1 < j < i < n} \delta_n^2 \begin{vmatrix} k_{jj} & k_{ji} \\ k_{ij} & k_{ii} \end{vmatrix} -$$

$$\frac{\lambda^3}{3!} \sum_{1 \leqslant j \leqslant i \leqslant u \leqslant n} \delta_n^3 \begin{vmatrix} k_{jj} & k_{ji} & k_{ju} \\ k_{ij} & k_{ii} & k_{ii} \\ k_{ij} & k_{ii} & k_{ii} \end{vmatrix} + \cdots + (-1)^n \lambda^n \delta^n \det \mathbf{K}$$

$$(6.2.7)$$

当 $n \to \infty$，形式上成

$$d_n(\lambda) = 1 - \lambda \int_a^b K(s, s) \mathrm{d}s + \frac{\lambda^2}{2!} \int_a^b \int_a^b \begin{vmatrix} K(s, s) & K(s, t) \\ K(t, s) & K(t, t) \end{vmatrix} \mathrm{d}s \mathrm{d}t -$$

$$\frac{\lambda^3}{3!} \int_a^b \int_a^b \int_a^b \begin{vmatrix} K(s, s) & K(s, t) & K(s, u) \\ K(t, s) & K(t, t) & K(t, u) \\ K(u, s) & K(u, t) & K(u, u) \end{vmatrix} \mathrm{d}s \mathrm{d}t \mathrm{d}u + \cdots$$

$$(6.2.8)$$

定理 6.2.1[2]　设 $K(s, t)$ 是一连续核，$y(s)$ 是一连续函数，$d(\lambda)$ 是核 $K(s, t)$ 的 Fredholm 行列式，则积分方程(6.2.1)的特征值必是 $d(\lambda)$ 的零点．

例 6.2.2　设积分方程如例 6.1.6，其 Neumann 级数的展开式是

$$f(x, \lambda) = \phi(x) = 1 + \left[\frac{5}{4} + \left(x - \frac{1}{2} \right)^2 \right] \lambda +$$

$$\left[\frac{161}{96} + \frac{5}{4} \left(x - \frac{1}{2} \right)^2 + \frac{1}{6} \left(x - \frac{1}{2} \right)^4 \right] \lambda^2 +$$

$$\left[\frac{25\,834}{11\,520} + \frac{161}{96} \left(x - \frac{1}{2} \right)^2 + \frac{5}{24} \left(x - \frac{1}{2} \right)^4 + \right.$$

$$\left. \frac{1}{90} \left(x - \frac{1}{2} \right)^6 \right] \lambda^3 + \cdots \tag{6.2.9}$$

其中核是 $K(s, t) = 1 + |s - t|$，由 Fredholm 公式(6.2.8)得

$$\int_0^1 K(s, s) = 1, \int_0^1 \int_0^1 \begin{vmatrix} K(s, s) & K(s, t) \\ K(t, s) & K(t, t) \end{vmatrix} \mathrm{d}s\mathrm{d}t = -\frac{5}{6},$$

$$\int_0^1 \int_0^1 \int_0^1 \begin{vmatrix} K(s, s) & K(s, t) & K(s, u) \\ K(t, s) & K(t, t) & K(t, u) \\ K(u, s) & K(u, t) & K(u, u) \end{vmatrix} \mathrm{d}s\mathrm{d}t\mathrm{d}u = \frac{12}{45}.$$

根据 Fredholm 公式(6.2.8)，得

$$d(\lambda) = 1 - \lambda - \frac{5}{12}\lambda^2 - \frac{2}{45}\lambda^3 - \frac{11}{5\,040}\lambda^4 + \cdots.$$

令

$$d_1(\lambda) = 1 - \lambda = 0, \qquad\qquad 得特征值 \lambda_1 = 1.$$

$$d_2(\lambda) = 1 - \lambda - \frac{5}{12}\lambda^2 = 0, \qquad\qquad 得特征值 \lambda_2 = 0.759.$$

$$d_3(\lambda) = 1 - \lambda - \frac{5}{12}\lambda^2 - \frac{2}{45}\lambda^3 = 0, \qquad 得特征值 \lambda_3 = 0.748\,1.$$

$$d_4(\lambda) = 1 - \lambda - \frac{5}{12}\lambda^2 - \frac{2}{45}\lambda^3 - \frac{11}{5\,040}\lambda^4 = 0, \quad 得特征值 \lambda_4 = 0.747\,76.$$

6.2.2 经典的 Padé 方法来估计积分方程的特征值

经典的 Padé 逼近方法是从幂级数出发获得有理函数逼近式的一个非常有效的方法. 它的基本思想是对于一个给定的形式幂级数，构造一个被称为 Padé 逼近式的有理函数，使它的 Taylor 展开式尽可能多的项与原幂级数相吻合. 但对于函数值幂级数来说，用经典的函数值 Padé 逼近方法来估计积分方程特征值时，其分母的 x 必须预先要取定.

定义 6.2.3[131] 给定函数值幂级数(6.2.1)阶数为 (n, k) 的经典函数值 Padé 逼近($CFPA$)，即为一个如下的函数值有理函数

$$R(x, \lambda) = U(x, \lambda)/V(x, \lambda) \cdot \qquad (6.2.10)$$

其中 $U(x, \lambda)$ 与 $V(x, \lambda)$ 分别都是关于 λ 的多项式，它们满足下列条件：

(i) $\deg\{U(x, \lambda)\} \leqslant n$ (6.2.11)

(ii) $\deg\{V(x, \lambda)\} \leqslant k$ (6.2.12)

(iii) $V(x, 0) = 1$ (6.2.13)

(iv) $U(x, \lambda) - V(x, \lambda)f(x, \lambda) = O(\lambda^{n+k+1})$ (6.2.14)

根据逼近阶的条件(6.2.14)就能得到分母行列式

$$V(x, \lambda) = \det \begin{bmatrix} c_{n-k+1}(x) & c_{n-k+2}(x) & \cdots & c_{n+1} \\ c_{n-k+2}(x) & c_{n-k+3}(x) & \cdots & c_{n-k+2} \\ \vdots & \vdots & \cdots & \vdots \\ \lambda^k & \lambda^{k-1} & \cdots & 1 \end{bmatrix}$$

$$(6.2.15)$$

例 6.2.4 设积分方程如例 6.1.6，由(6.1.7)知关于 λ 的函数只有一个极点. 在(6.1.6)中令 $x = 0.5$，得

$$f(0.5, \lambda) = 1 + \frac{5}{4}\lambda + \frac{96}{161}\lambda^2 + \frac{12\,917}{5\,760}\lambda^3 + \cdots \qquad (6.2.16)$$

利用式(6.2.14)的逼近条件，得

$$f(0.5, \lambda)V_{n,1}(0.5, \lambda) - U_{n,1}(0.5, \lambda) = O(\lambda^{n+2})$$

$$(6.2.17)$$

当 $n = i$，$i = 1, 2, 3, 4$，得 λ_i. 算例的结果见表 6.2.1.

6.2.3 广义逆函数值 Padé 逼近的 ε 方法估计积分方程的特征值

对给定的函数值幂级数(6.2.1)，由递推公式(6.1.4)～(6.1.6)及广义逆(5.2.6)，得

第一步：

$$\varepsilon_2^{-1} = \left[P(x, \lambda)/Q_2^1(\lambda) \right]_f = \varepsilon_0^{(0)} + (\varepsilon_1^{(0)} - \varepsilon_1^{(-1)})^{-1},$$

令 $Q_2^1(\lambda) = 0$，取实部得 λ_1.

第二步：

$$\varepsilon_2^0 = \left[P_2(x, \lambda)/Q_2^2(\lambda) \right]_f = \varepsilon_0^{(1)} + (\varepsilon_1^{(1)} - \varepsilon_1^{(0)})^{-1},$$

令 $Q_2^2(\lambda) = 0$，取实部得 λ_2.

第三步：

$$\varepsilon_2^{(1)} = \left[P_3(x, \lambda)/Q_2^3(\lambda) \right]_f = \varepsilon_0^{(2)} + (\varepsilon_1^{(2)} - \varepsilon_1^{(1)})^{-1}$$

令 $Q_2^3(\lambda) = 0$，取实部得 λ_3.

第四步：

$$\varepsilon_2^2 = \left[P_4(x, \lambda)/Q_2^4(\lambda) \right]_f = \varepsilon_0^{(3)} + (\varepsilon_2^{(3)} - \varepsilon_2^{(2)})^{-1},$$

令 $Q_2^4(\lambda) = 0$，取实部得 λ_4. 算例(6.1.6)的估计积分方程的特征值的结果见表 6.2.1.

6.2.4 函数值 Padé-型行列式公式估计积分方程的特征值

根据公式 (3.4.16)得分母行列式

$$q_{m,n}(\lambda) = \det \begin{vmatrix} (y_{m-n+1}, y_{m-n+1}) & (y_{m-n+1}, y_{m-n+2}) & \cdots & (y_{m-n+1}, y_{m+1}) \\ (y_{m-n+1}, y_{m-n+2}) & (y_{m-n+1}, y_{m-n+3}) & \cdots & (y_{m-n+1}, y_{m+2}) \\ \vdots & \vdots & \cdots & \vdots \\ (y_{m-n+1}, y_m) & (y_{m-n+1}, y_{m+1}) & \cdots & (y_{m-n+1}, y_{m+n}) \\ \lambda^n & \lambda^{n-1} & \cdots & 1 \end{vmatrix}.$$

$$(6.2.18)$$

算法步骤：令 $q_{m,n}(\lambda) = 0$，解出 λ.

表 6.2.1 是四种方法估计积分方程特征值对比表.

表 6. 2. 1

n	λ_{OPTA}	λ_{CFPA}	λ_{Fred}	λ_{ε}
1	0. 747 66	0. 8	1. 0	0. 747 66
2	0. 747 750 1	0. 745	0. 759	0. 747 750
3	0. 747 750 255	0. 747 85	0. 748 1	0. 747 750 255 3
4	0. 747 750 255 56	0. 747 746	0. 747 76	0. 747 750 255 563 4

表 6. 2. 1 中,λ 的准确值是 $\lambda_c = 0.\,747\,750\,255\,563\,844$。

λ_{OPTA} 表示的是用函数值 Padé - 型逼近的正交行列式公式方法所估计的积分方程特征值.

λ_{CFPA} 表示的是用经典的函数值 Padé 逼近方法所估计的积分方程特征值.

λ_{Fred} 表示的是用 Freholm 行列式公式方法所估计的积分方程特征值.

λ_{ε} 表示的是用 广义逆函数值 Padé 逼近的 ε - 实部方法所估计的积分方程特征值.

参 考 文 献

[1]   徐利治,王仁宏,周蕴时. 函数逼近的理论与方法. 上海：上海科技出版社,1983.

[2]   张石生. 积分方程. 重庆：重庆出版社,1988.

[3]   蒋尔雄. 数值逼近. 上海：复旦大学出版社,1996.

[4]   王仁宏,梁学章. 多元函数逼近. 北京：科学出版社,1988.

[5]   朱功勤,顾传青,檀结庆. 多元有理逼近方法. 北京：中国科学技术出版社,1990.

[6]   徐献瑜,李家楷,徐国良. Padé 逼近概论. 上海：上海科技出版社,1990.

[7]   朱功勤等. 关于矩阵 Padé-型逼近的注记. 合肥工业大学学报, 1999, 22(1)：1-7.

[8]   顾传青,朱功勤. 矩阵有理逼近,数学研究与评论. 1996, 16(2)：135-141.

[9]   顾传青. 基于广义逆矩阵 Padé 逼近. [J],计算数学,1997, 19 (1)：19-28.

[10]   顾传青,李春景. 基于广义逆的矩阵 Padé 逼近的 De Montessus-De Ballore 收敛定理. 数学研究与评论,2001, 21 (4)：585-592.

[11]   顾传青,李春景. 用于积分方程解的广义逆函数值 Padé 逼近的计算公式. 应用数学和力学,2001, 22(9)：952-957.

[12]   李春景,顾传青. 用于积分方程解的广义逆函数值 Padé 逼近 ε-算法和 η-算法. 应用数学和力学,2003, 24(2)：197-204.

[13]   顾传青,潘宝珍. 二元矩阵连分式逼近的展开式. 上海大学学报(自然科学版),1997, 3, 3(2)：119-124.

[14]　顾传青. 关于矩阵指数的 Padé 逼近新算法. 自动化学报, 1999,
　　　 25(1): 94 - 99.

[15]　顾传青. 一种新型的矩阵 Padé 逼近方法. 自然杂志, 2002, 24
　　　 (1): 41 - 44.

[16]　李春景. 广义逆函数值 Padé 逼近的理论与方法及在 Fredholm
　　　 积分方程中的应用. 上海大学博士论文, 2003.

[17]　王金波. Thiele - Werner 型连分式复向量有理插值若干问题
　　　 及应用. 上海大学博士论文, 2003.

[18]　潘杰. Padé -型逼近与最佳 L_p 有理逼近. 合肥工业大学硕士论
　　　 文, 1988.

[19]　Arioka S.. Padé-type Approximants in Multivariables.
　　　 Appl. Numer. Math., 1987, 3: 497 - 511.

[20]　Alabiso C., Butera P., Prosperi G. M.. Variational Principles
　　　 and Padé Approximants. Bound States in Potential Theory.
　　　 Nuclear Phys. B, 1971, 31: 141 - 162.

[21]　Antoulas, A. C. Ball, J. A. Kang, J. and Wilems, J. C. On the
　　　 Solution of the Minimal Rational Interpolation Problem.
　　　 Linear Algebra Appl. 1990, 137/138: 511 - 573.

[22]　Brezinski, C. Padé-type Approximation and General Orthogonal
　　　 Polynomials[M]. Birkhäuser, Basel, 1980, 1 - 177.

[23]　Brezinski C.. Rational Approximation to Formal Power
　　　 Series. [J]. Approx. Theory, 1979, 25: 295 - 317.

[24]　Beardon A. F.. The Convergence of Padé Approximants.
　　　 [J]. Math. Anal. Appl., 1968, 21: 344 - 346.

[25]　Brezinski C.. Duality in Padé-type Approximation, J. Comp.
　　　 Appl. Math., 1990, (30): 351 - 357.

[26]　Brezinski C.. Ratinal Approximation to Formal Power
　　　 Series. [J]. Approx. Theory, 1979, (25), 295 - 317.

[27]　Brezinski, C. and J. V, Iseghem. Padé-type Approximants

and Linear Functional Transformations Lecture Notes Math.. 1105.

[28] Brezinski,C. The Mhlbach – Neville – Aitken Algorithm and Some Extensions. BIT20 (1980), 120 – 131.

[29] Baker G. A.. The Numerical Treatment of Integral Equations. Oxford: Oxford Univ. Press, 1978.

[30] Baker G. A. ,Graves – Morris P. R.. Padé Approximants (Part I), Addison-wesley Publishing Company, Massachusetts,1981.

[31] Baker G. A. ,Gammel J. L. , Eds.. The Padé Approximant in Theoretical Physics. New York: Academic Press,1970.

[32] Baker G. A.. The Theory and Application of the Padé Approximant Method. Adv. in Theoritical Phys. , 1965, 1: 1 – 58.

[33] Baker G. A.. Existence and Convergence of Subsequences of Padé Approximants. [J]. Math. Anal. Appl. , 1973, 43: 498 – 528.

[34] Baker G. A.. The Essentials of Padé Approximants. New York: Academic Press,1975.

[35] Baker G. A. ,Graves – Morris P. R.. Convergence of Rows of the Padé Table. [J]. Math. Anal. Appl. , 1977, 57: 323 – 339.

[36] Baker G. A. , Graves – Morris P. R.. Padé Approximants, Part II; Extension and Application. Addison-Wesley Publishing Company,1981.

[37] Baker G. A. ,Gammel J. L.. The Padé Approximant. [J]. Math. Anal. Appl. , 1961, 2: 21 – 30.

[38] Baker G. A. ,Gammel J. L. ,Wills J. G.. An Investigation of the Applicability of the Padé Approximant Method. [J]. Math. Appl. , 1961, 2: 405 – 418.

[39] Beardon A. F.. On the Location of Poles Padé Approximants.

[J]. Math. Anal. Appl. ,1968, 21: 469 - 474.

[40] Bessis D.. Topics in the Theory of Padé Approximants. Inst. of Phys. ,Bristol,1973, 19 - 44.

[41] Benouahmane, B. and Cuyt, A. Multivariate Orthogonal Polynomials,Homogeneous Padé Approximants and Gaussian Cubature. Numerical Algorithms, 2000, 24: 1 - 15.

[42] Benouahmane B. , and Cuyt A.. Properties of Multivariate Homogeneous Orthogonal Polynomials. [J]. Approx. Theory, 2001, 113: 1 - 20.

[43] Bultheel A.. Epsilon and qd Algorithm for the Matrix - Padé and 2 - D Padé Problem. Report TW57,1982,K. U. Leuven, Belgium.

[44] Bus J. C. P. ,Dekker T. J.. Two Efficient Algorithms with Guaranteed Convergence for Finding A Zero of A Function. ACM Transactions on Mathematical Software, 1975, 1: 330 - 345.

[45] Chisholm J. S. R.. Approximation by Sequences of Padé Approximants in Regions of Meromorphy. [J]. Math. Phys. , 1966, 7: 39 - 46.

[46] Chisholm J. S. R. ,Genz A. C. ,Rowlands G. E.. Accelerated Convergence of Sequences of Quadrature Approximations. [J]. Comp. Phys. , 1972, 10: 284 - 307.

[47] Chisholm J. S. R.. Rational Approximants Defined from Double Power Series. Math. Comp. , 1973, 27: 841 - 848.

[48] Chisholm J. S. R.: Applications fo Padé Approximation to Numerical Integration, in Proceedings of the International Conference on Padé Approximants,Continued Fractions and Related Topics, Jones W. B. , Thron W. J. , Eds.. Rocky Mountain Journal of Mathematics,1974, 4: 135 - 397.

[49] Chisholm J. S. R.. Solution of Integral Equations Using Padé Approximants. [J]. Math. Phys. ,1963, 4: 1506－1510.

[50] Chisholm J. S. R.. N-variable Rational Approximants, in Padé and Rational Approximation,Eds. ,Saff E. B. ,Varga R. H.. New York: Academic Press, 1977, 23－42.

[51] Chen Chuan-zhang, Hou Zong-yi, Li Ming-zhong. The Theories and Applications of Integral Equations. Shanghai: Shanghai Sci. and Tec. Press,1987.

[52] Chisholm J. S. R. , Common A. K.. Padé-Chebyshev Approximants. in Lecture Notes in Mathematics,765,1979.

[53] Claessens G.. A New Algorithm for Osculatory Rational Interpolation. Num. Math. , 1976, 27: 77－83.

[54] Claessens G.. The Rational Hermite Interpolation Problem and Some Related Recurrence Formulas. Comp. Math. Appl. , 1976, 2: 117－123.

[55] Claessens G.. On the Newton-Padé Approximation Problem. J. Approx. Theory, 1978, 22: 150－160.

[56] Claessens G.. On the Structure of the Newton-Padé Table. [J]. Approx. Theory, 1978, 22: 304－319.

[57] Claessens G. , Wuytack L.. On the Computation of Non-normal Padé Approximants. [J]. Comp. Appl. Math. , 1979, 5(4): 283－289.

[58] Claessens G.. A Generalization of the QD Algorithm. [J]. Comp. Appl. Math. , 1981, 7(4): 237－247.

[59] Claessens G. , Wuytack L.. Application of the Generalized QD-Algorithm. ISNM 59, Numerical Methods of Approximation Theory,1981, 6: 244－265.

[60] Coope I. D. , Graves－Morris P. R.. The Rise and Fall of the Vector Epsilon Algorithm. Numerical Algorithms, 1993,

5(2): 275 - 286.

[61] Copson E. T.. An Introduction to the Theory of A Complex Variable. Oxford: Oxford University Press,1948.

[62] Courant R. ,Hibbert D.. Methods of Mathematical Physics. Vol. I ,Interscience,1953.

[63] Cuyt A.. Abstract Padé Approximants in Operator Theory. in Lecture Notes in Mathematics,765,1979.

[64] Cuyt A.. Padé Approximants in Operator Theory for the Solution of Nonlinear Differential and Integral Equations. Comps. and Maths. with Apples. , 1982, 8(6): 445 - 466.

[65] Cuyt A.. The ε - Algorithm and Multivariate Padé Approximants. Numer. Math. , 1982, 40: 39 - 46.

[66] Cuyt A.. The Epsilon-Algorithm and Padé-approximants in Operator Theory. SIAM J. Math. Anal. , 1983, 14: 1009 - 1014.

[67] Cuyt A.. The QD-algorithm and Multivariate Padé Approximants. Numer. Math. , 1983, 42: 259 - 269.

[68] Cuyt A.. The Mechanism of the Multivariate Padé Process. in Lecture Notes in Mathematics,1071,1983.

[69] Cuyt A. ,Van der Cruyssen P.. Abstract Padé Approximants for the Solution of a System of Nonlinear Equations. Comps and Maths with Apples, 1983, 9(4): 617 - 624.

[70] Cuyt A.. Padé Approximants for Operator: Theory and Applications. Lecture Notes in Mathematics,1065,1984.

[71] Cuyt A.. Operator Padé Approximants: Some Ideas Behind the Theory and A Numerical Illustration, in Approximation Theory and Spine Functions. D. Reidl Publishing Company,1984.

[72] Cuyt A.. A Review of Multivariate Padé Approximation Theory. [J]. Comput. Appl. Math. , 1985, (12 ~ 13): 221 - 232.

[73] Cuyt A.. A Montessus Theorem for Multivariate Padé Approximants. [J]. Approx. Theory, 1985, 43(1): 43 – 52.

[74] Chisholm, J. S. R. Solution of Integral Equations Using Padé Approximants [J]. Math. Phys, 1963, 4(12): 506 – 1510.

[75] Draux, A. Approximants De Type Padé Et De Padé. Publication ANO – 96, Universié Des Science Et Technologies De Lille, 1983.

[76] Draux, A. Bibliography-Index. Report AN0 – 145, Univ. de Sciences et Techniques de Lille, Nov. , 1984.

[77] Fleisher J.. Nonlinear Padé Approximants for Legendre Series, in Padé Approximants and Their Applications. Graves – Morris P. R. , Eds. , London: Academic Press, 1973.

[78] Frame J. S.. The Solution of Equations by Continued Fractions. Amer. Math. Monthly, 1953, 6: 293 – 305.

[79] Fox L. , Parker I. B.. Chebyshev Polynomials in Numerical Analysis. O. U. P. , London, 1968.

[80] Graves –Morris P. R.. Solution of Integral Equations Using Generalised Inverse Function-Valued Padé Approximants Ⅰ. [J]. Comput Appl Math. , 1990, 32(1): 117 – 124.

[81] Graves – Morris P. R. , Jenkins C. D.. Vector Valued Rational Interpolants Ⅲ. Constr. Approx, 1986, 2（2）: 263 – 289.

[82] Graves –Morris P. R. , Ed.. Padé Approximants and Their Applications. London: Academic Press, 1973.

[83] Graves – Morris P. R.. Padé Approximants for Integral Equations. [J]. Inst. Math. Appl. , 1978, 21: 375 – 378.

[84] Graves –Morris P. R.. Vector – Valued Rational Interpolants Ⅰ. Numer. Math. , 1983, 42: 331 – 348.

[85] Graves – Morris P. R. , Jenkins C. D.. Degeneracies of

Generalised Inverse, Vector-Valued Padé Approximant.
Constr. Approx, 1989, 5: 483 - 485.

[86] Graves –Morris P. R. , Staff E. B.. Row Convergence Theorems
for Generalised Inverse Vector – Valued Padé Approximants. [J].
Comput. Appl. Math. , 1988, 23(1): 63 - 85.

[87] Graves –Morris P. R. , Baker G. A. , Woodcock C. F.. Cayley's
Theorem and Its Application in the Theory of Vector Padé
Approximants. [J]. Compat. Appl. Math. , 1996, 66: 255 - 265.

[88] Graves –Morris P. R.. A Review of Padé Methods for the
Acceleration of Convergence of a Sequence of Vector.
Applied Num. Math. , 1994, 15: 153 - 174.

[89] Graves – Morris P. R. , Eds.. Padé Approximants, The
Institute of Physis. London,1973.

[90] Graves –Morris P. R.. The Numerical Calculation of Padé
Approximants,in Padé Approximation and Its Applications.
Lecture Notes in Mathematics,765,1979.

[91] Graves –Morris, P. R. and Roberts, D. E. From Matrix to
Vector Padé Approximants. [J]. Comput. Appl. Math. ,
1994, 51: 205 - 236.

[92] Gu Chuan-qing. Pfaffian Formula for Generalized Inverse
Matrix Padé Approximation and Application. Num. Compt.
and Appl. Compt. , 1998, 4: 283 - 289.

[93] Gu Chuan-qing, Li Chun-jing. Computation Formulas of
Generalised Inverse Padé Approximant Using for Solution of
Integral Equations. Applied Mathematics and Mechanices,
2001, 22(9): 1057 - 1063.

[94] Gu Chuanqing. Matrix Padé-type Approximant and Directional
Matrix Padé Approximant in the Inner Product Space. [J].
Comput. Appl. Math. , 2004,(164 - 165): 365 - 385.

[95] Gu Chuanqing, Li Chunjing. An Efficient Recursive Algorithm of Generalized Inverse Complex Function-valued Padé Approximants Used in Solving Integral Equations, Analysis Combinatorics and Computing. Nova Science Publishers, Nova Science Publishers. Inc. , NY, 2002, 225 – 234.

[96] Gu Chuan-qing. Generalized Inverse Matrix Padé Approximation on the Basis of Scalar Product. Linear Algebra Appl. , 2001, 322(1 – 3): 141 – 167.

[97] Gu Chuanqing. A Practical Two-Dimensional Thiele-Type Matrix Padé Approximation. IEEE Trans. Automat. Control, 2003, 48(12): 2259 – 2263.

[98] Gu Chuan-qing, Zhu Gongqin. Bivariate Lagrange-type Vector Valued Rational Interpolants. [J]. Compt. Math. , 2002, 20(2): 207 – 216.

[99] Gu Chuan-qing. Thiele-type and Largrange-type Generalized Inverse Rational Interpolation for Rectangular Complex Matrices. Linear Algebra Appl. , 1999, 295: 7 – 30.

[100] Gragg W. B.. The Padé Table and Its Relation to Certain Algorithms of Numerical Analysis. SIAM Review, 1972, 14: 1 – 62.

[101] Gragg W. B. , Johnson G. D.. The Laurent Padé Table, Info. Proc. 74. North Holland, Amsterdam, 1974, 3: 632 – 637.

[102] Iseghem, J. V. Padé-type Approximants of exp(-z) whose denominators a re $(1 + z/n)^n$. Numer. Math. 1984, 43, 283 – 292.

[103] Jarratt P.. A Rational Iteration Function for Solving Equations. The Computes Journal, 1966, 9: 304 – 307.

[104] Jones W. B. , Thron W. J.. On the Convergence of Padé Approximants. SIAM J. Math. Anal. , 1975, 6: 9 - 16.

[105] Jones W. B. , Thron W. J.. Continued Fractions, Analytic Thoery and Applications, Addison - Wesley. Reading, Mass. ,1980.

[106] Kahaner D. K.. Numerical Quadrature by the ε - Algorithm. Math. Comp. , 1972, 26: 689 - 694.

[107] Karlsson J.. Rational Interpolation and Best Rational Approximation. Preprint University of Umeå, Dept. of Mathematics, No. 1,1974.

[108] Karlsson J. , Von Sydow B.. The Convergence of Padé Approximants to Series of Stieltjes. Arkiv for Mathematik, 1976, 14: 43 - 53.

[109] Lonseth A. T.. Sources and Applications of Integral Equations. SIAM Review, 1997, 19(2).

[110] Lambert J. D.. Computational Methods in Ordinary Differential Equations. London, John Wiley,1973.

[111] Larger R. E.. On Numerical Approximation. Madison: The University of Wisconsin Press, 1959.

[112] Longman I. M.. Best Rational Function Approximation for Laplace Transform Inversion. SIAM J. Math. Anal. ,1974, 5: 574 - 580.

[113] Li Chunjing, Gu Chuanqing. Epsilon-algorithm and Eta-algorithm of Generalized Inverse Function-valued Padé Approximants Using for Solution of Integral Equations. Applied Mathematics and Mechanics, 2003, 24 (2): 197 - 204.

[114] Li Chunjing, Gu Chuanqing. Some Algebraic Properties of Generalized Inverse Function-valued Padé Approximants

Used in Solving Integral Equations, Proceedings of the Fourth International Conference on Nonlinear Mechanics. Shanghai: Shanghai University Press, 2002, 1224 - 1227.

[115] Li Chun-jing, Gu Chuan-qing. Generalised Inverse Rational Extrapolation Methods for Matrix Sequences. Proceedings of the 4th China Matrix Theory and Its Applications International Conference, 2000, 9: 86 - 90.

[116] Li Chun-jing, Gu Chuan-qing, Wang Jin-bo. Some Algebraic Properties of Generalised Inverse Function-valued Padé Approximants Used in Solving Integral Equations. Proceedings of the 4th International Conference on Nonlinear Mechanics, 1224 ~ 1227, Shanghai: Shanghai University Press, 2002.

[117] Li Chun-jing, Gu Chuan-qing. Generalised Inverse Rational Extrapolation Methods for Matrix Sequences. Proceedings of the 4th China Matrix Theory and Its Applications International Conference, 2000, 9: 86 - 90.

[118] Luca Dieci, Alessandra Papini. Conditioning and Padé Approximation of the Logarithm of A Matrix. SIAM J. Matrix Anal. Appl. ,2000, 21(3): 913 - 930.

[119] Magnus A.. Rate of Convergence of Sequence of Padé-type Approximants Padé-type Approximants and Pole Detection in the Complex Plane. Lecture Notes Maths. , 1981, 888, 300 - 308.

[120] M. Prevost. Padé-type Approximants with Orthogonal Generating Polynomials. [J]. Comput. Appl. Math. , 1983, 9, 333 - 346.

[121] Ren Yahe, Zhang Bo, Qiao Hong. A Simple Taylor-series Expansion Method for a Class of Seond Kind Integral

Equation. [J]. Compt. and Appl. Math. , 1999, 110:
15 -24.

[122] Salam, A. Vector Padé-type Approximants and Vector Padé
Approximants. [J]. Approximation Theory, 1999, 97:
92 - 112.

[123] Sidi A. , Bridger J. . Convergence and Stability Analysis for
Some Vector Extrapolation Methods in the Presence of
Defective Iteration Matrices. [J]. Comput. Appl. Math. ,
1988, 22(1): 35 - 61.

[124] Sloan I. H. . Improvement by Iteration for Compact
Operator Equations. Math. Comp. , 1976, 30: 758 - 760.

[125] Sloan I. H. . Iterated Galerkin Method for Eigenvalue
Problem. SIAM J. Math. Anal. , 1976, 13: 753 - 760.

[126] Smith D. A. , Ford W. F. , Sidi A. . Extrapolation Methods
for Vector Sequences. SIAM Rev. , 1987, 29: 199 - 233.

[127] Smithies F. . Integral Equations. Cambridge: Cambridge
Univ. Press, 1962.

[128] Sablonniere P. . Padé-type Approximants for Multivariate
Series of Functions. Lecture Notes Math. , 1984, 1071,
238 - 251.

[129] Sablonniere P. . A New Family of Padé-type Approximants
in R^k. [J]. Comput. Math. , 1983, 9, 347 - 359.

[130] Staff E. B. . An Extension of De Montessus De Ballore's
Theorem on the Convegence of Interpolating Rational
Function. [J]. Approx. Theory, 1972, 6: 63 - 67.

[131] R. Thukral. A Family of Padé-type Approximants for
Accelerating the Convergence of Sequences. [J]. Comput.
Appl. Math. , 1999, 102: 287 - 302.

[132] Wimp J. . Sequence Transformtions and Their Application.

New York: Academic Press, 1981.

[133] Wynn P.. Acceleration Techniques for Iterated Vector and Matrix Problem. Math. Comp. , 1962,16: 301 - 322.

[134] Wynn P.. Continued Fractions Whose Coefficients Obey a Non-Commutative Law of Multiplication. Arch. Rational Mech. Anal. , 1963, 12: 273 - 312.

[135] Warner D. D.. An Extension of Saff's Theorem on the Convergence fo Interpolating Rational Functions. [J]. Approx. Theory, 1976, 18: 108 - 118.

[136] Watson P. J. S.. Algorithms for Differentiation and Integration. London: Academic Press,1973, 93 - 98.

[137] Werner H. , Wuytack L.. Nonlinear Quadrature Rules in the Presence of a Singularity. Comp. and Math. with Appl. , 1978, 4: 237 - 245.

[138] Wuytack L.. A New Technique for Rational Extrapolation to the Limit. Num. Math. , 1971, 17: 214 - 221.

[139] Wuytack L.. An Algorithm for Rational Interpolation Similar to the qd-Algorithm. Num. Math. , 1973, 20: 418 - 424.

[140] Wuytack L.. On the Osculatory Rational Interpolation Problem. Math. Comp. , 1975, 29: 837 - 843.

[141] Wuytack. L. , Eds.. Padé Approximation and Its Applications. Lecture Notes in Mathematics,765,1979.

[142] Wynn P.. On a Procrustean Technique for the Numerical Transformation of Slowly Convergent Sequences and Series. Proc. Comb. Phil. Soc. , 1956, 52: 663 - 671.

[143] Wynn P.. The Rational Approximation of Functions Which Are Formally Defined by Power Series Expansions. Math. Comp. , 1960, 14: 147 - 186.

[144] Wynn P. Continued Fractions Whose Coefficients Obey a Non-commutative Law of Multiplication. Arch. Rational Mech. Anal. , 1963, 12: 273 - 312.

[145] Wynn P.. Upon Systems of Recursions Which Obtain Among Quotients of the Padé Table. Num. Math. , 1966, 8: 264 - 269.

[146] Wynn P.. On the Convergence and Stability of the ε - Algorithm. SIAM J. Num. Anal. ,1966, 3: 91 - 122.

[147] Wynn P.. The Epsilon Algorithm and Operational Formular of Numerical Analysis. Math. Comp. , 1961, 15: 151 - 158.

[148] Wynn P.. General Purpose Vector Epsilon Algorithm Procedures. Num. Math. , 1964, 6: 22 - 36.

[149] Xu Guo-liang, Li Jia-kai. On the Solvability of Rational Hermite-Interpolation Problem. [J]. Comp. Math. , 1985, 3(3): 238 - 251.

[150] Xu Xian-yu, Li Jia-kai, Xu Guo-liang. Padé Approximant Theory. Shanghai: Shanghai Sci. and Tec. Press,1990.

作者在攻读博士学位期间已完成的论文

1. Gu Chuanqing, Pan Baozhen and Wu Beibei. Functional Valued Padé-type Approximation Using for Solution of Integral Equations of Orthogonal Polynomials and Determinant Formulas. Applied Mathematics and Mechanices, 2005 (已录用)(SCI, EI).

2. Pan Baozhen and Gu Chuanqing. Degeneracy Cases of Generalized Inverse Function-Valued Pade Approximation. [J]. Shanghai Univ. ,2004, 8(3): 258 – 263. (EI).

3. Wang Guangbin and Pan Baozhen. Criteria for the Degree of Stability of the Linear Constant Systyms. [J]. Shanghai Univ. , 2004, 8(1): 32 – 34. (EI).

4. 潘宝珍,顾传青. 广义逆函数值 Padé 逼近的 ε 算法的一种新的用法. 华东地质学院学报, 2003, 26(2): 115 – 118.

5. 潘宝珍,顾传青. 用于积分方程解的函数值 Padé -型逼近的代数性质和收敛性定理. 上海大学学报, 2005, 6.

6. 潘宝珍. 用于积分方程解的函数值 Padé -型逼近的恒等式与递推算法. 应用科学学报, 2005, 10.

7. Pan Baozhen. Lagrange Interpolation Generating Polynomial of Function-Valued Padé-type Approximation and its Convergence Theorem(待发表).

8. Gu Chuanqing, Pan Baozheng. Some Methods for the Acceleration of Convergence of Function-Valued Sequences. [J]. Information and Computational Science(已投稿).

9. Gu Chuanqing and Pan Baozheng. The Triangular Block of Function-Valued Padé-type Approximation(已投稿).

致　　谢

本论文是在导师顾传青教授的直接指导下完成的. 在此论文完成之际, 谨向我尊敬的导师顾传青教授表示衷心的感谢. 感谢他对我在学业上的精心指导和不倦教诲. 顾老师在学术上治学严谨, 学识广博, 功底扎实. 在事业上锐于进取, 不断创新. 他对科学执著追求的治学态度, 刻苦钻研的敬业精神, 使我终生受益.

感谢上海大学理学院、数学系领导对我的支持和帮助. 感谢蒋尔雄教授、马和平教授、王翼飞教授、贺国强教授、茅德康教授等诸位老师对我的教导.

感谢顾桂定、张建军、杨建生、贾筱楣、吴华、张琴、耿辉、叶万洲等同事对我的鼓励和支持.

特别感谢学妹吴蓓蓓, 她在论文作图方面给予了我很多帮助.

感谢同门兄弟姐妹几年来对我的帮助和友谊.

最后向我的父母致敬, 感谢他们的养育之恩和博士学习期间所给予的支持; 感谢我的先生慈荣和我的儿子慈然, 感谢他们的理解和支持.

博士学位申请者: 潘宝珍

2005 年 3 月于上海大学